当昆虫
遇见
人类文明

〔美〕吉尔伯特·沃尔鲍尔 —— 著
〔美〕詹姆斯·纳迪 ———— 绘
黄琪 ———————— 译

商务印书馆
The Commercial Press

FIREFLIES, HONEY, AND SILK

by
JAMES NARDI

献给学院派昆虫学之父，

康奈尔大学的约翰·亨利·科姆斯托克（John Henry Comstock），

以及他的妻子安娜·博茨福德·科姆斯托克（Anna Botsford Comstock），

她是康奈尔大学自然研究的领军人物。

目 录

我对昆虫的着迷始于一个晴朗的冬日。当时我还在康涅狄格州的布里奇波特上小学，某天在苹果树上发现了一个棕色的大虫茧。虽然之前听说过有些昆虫会吐丝，并把自己舒舒服服地裹在丝茧里面过冬，但那时我并不确定这个玩意儿是不是蚕茧，也完全不清楚春天破茧而出的将是哪种昆虫。不管怎样，我还是把它带回家，放在玻璃缸里，盖上了一个有气孔的金属盖子。几周之后，一只我所见过的最美最不可思议的昆虫从茧里钻了出来：它的翅膀展开时至少有 5 英寸＊那么宽，上面分布着艳丽的红、白、黑和一点点紫色的图案；触角很大，有点像羽毛。（之后我才知道很多种雄性蛾子都有这样的特征。）我起初以为它是蝴蝶，但老师告诉我，蝴蝶不结茧，这是一只罗宾蛾（*Hyalophora cecropia*）。（如

＊ 1 英寸 =2.54 厘米。——本书脚注均为译者注。

今我了解到，实际上少数蝴蝶种类也会结茧。）从那一刻起，我对博物学，尤其是昆虫，产生了浓厚的兴趣。我开始采集昆虫，按照弗兰克·卢茨（Frank Lutz）编写的《昆虫野外手册》（*Field Book of Insects*）鉴定蝗虫、甲虫、蝴蝶和其他昆虫。这本书最初出版于1918年，至今仍非常实用。

1946年6月，我所在的布里奇波特中心高中为毕业班举办了一次宴会，结束时宣布了全班同学的"遗嘱"。所谓"遗嘱"，实际上是我们对于未来的预言。至于我的"遗嘱"嘛，是这样的："耶鲁大学的昆虫学教授吉尔伯特·沃尔鲍尔（Gilbert Waldbauer），会将一件漂亮的捕鸟蛛插针标本赠与任何想要得到它的人。"这份"遗嘱"让当时的我笑出了声，因为我觉得这样的预言不可能实现，可事实上，我真的成了一名昆虫学教授（只是没有配备捕鸟蛛插针标本）。多年后，我再次将注意力转向对我的职业生涯具有启蒙意义的昆虫：罗宾蛾。我和同事兼朋友吉姆·斯滕伯格（Jim Sternburg）和他的研究生在实验室和野外对这种极为有趣的昆虫的生理特点和行为进行了长达数年的研究。

大多数人很少意识到自己周遭存在着为数众多的昆虫。他们其实能注意到蚊子、家蝇、蟑螂和其他烦人的昆虫。如果不假思索地认为其他昆虫也是烦人的，甚至觉得它们恶心，会传播疾病，那么这种观念不仅不利于那些人自身，也有损于人类共同的生态良知。1946年，当DDT——第一个"创造了奇迹的"杀虫剂——出现在市场上时，我听说有些在生态学方面极其无知的人（所幸数量非常少）欢欣鼓舞，因为他们庆幸人类终于可以彻底消灭所有昆虫和其他吓人的小爬虫了。他们跟大部分人一样，不知道昆虫这个群体之于地球生命的存续是不可或缺的，对人类自身的生存也近乎同样关键。昆虫在几乎所有陆地和淡水生态系统中都扮演着至关重要的角色。昆虫还提供了其他服务：它们给除了禾草以外的大多数有花植物传粉；散播多种植物的种子；为鸟类、鱼类和其他动物提供食物；帮助处理粪便和死亡的动植物，让它们回归到土壤中去。

但本书并不试图介绍传播疾病的昆虫或昆虫的重要性。本书要讲述的是一些昆虫——蝴蝶、蟋蟀、萤火虫和瓢虫——给很多人带来的乐趣，以及其他昆虫对人类物质文明的直接影响。这些昆虫改善了不同社会中的人类生活，它们本身也趣味十足。其中几种颇为人们熟悉——至少名字广为人知，不过也有很多对人类物质文明有所贡献的昆虫鲜为人知。

大部分人都知道丝绸是一种极为华丽的织物，是由蚕茧抽出的丝线织成的布料。但很少有人了解蚕——它实际上是一种毛毛虫——是如何被饲养的，以及蚕茧是在何时被何人如何发现的。我们会在松饼上和热朗姆酒里加蜂蜜，但大多数人对于生产蜂蜜的蜜蜂却知之甚少。有些人听说过蜜蜂有一种舞蹈语言，但又有多少人知道那种语言也有"语法"，其传达信息的准确性让人惊叹，而生物学家已经破译了其中的奥秘？

另一些对人类物质文明有所贡献的昆虫则是无名英雄。19世纪，在人造染料出现以前，最上等最广泛使用的红色染料是从吸食仙人掌汁液的微小昆虫身上提取而来的。虫漆的主要成分是紫胶蚧（*Laccifer lacca*）的产物，而紫胶和蜂蜡的合成物能够制成封蜡（火漆）。你知道吗？最上乘的墨汁是由个头很小的胡蜂在橡树上造成的肿瘤状突起物——虫瘿——制成的。中国人可能正是通过观察造纸胡蜂和其他胡蜂类昆虫学会了造纸工艺。《圣经》中提到的天赐食物吗哪，很有可能是吸食树汁的蚜虫所分泌的甜味物质，如今伊拉克和土耳其的库尔德人仍在利用这种物质制作美味的糖果。某些蛆虫可以用来清理严重感染的伤口。随着越来越多的细菌对抗生素产生抗药性，我们对这些蛆虫的使用也日益增多。

　　纵观历史，昆虫一直都是想象力丰富的传奇故事的主题。公元1世纪时，罗马的百科全书编纂者盖乌斯·普林尼·塞孔都斯（Gaius Plinius Secundus）——又称老普林尼——信心满满地向读者保证：世界上有一种像狼那样大的蚂蚁，它们生活在印度北部的山里，整日开采黄金。据说在英国有一种体型微小的"报死虫"（*Xestobium rufovillosum*，红毛窃蠹）能预测家中成员的死亡。这种甲虫在朽木中蛀洞，大量藏纳于老旧的建筑物中。雌窃蠹成虫在蛀道里磕撞头部，发出咔嗒的声音向雄性发送信号，响动之大足以让屋中的人们听见。正如弗兰克·考恩（Frank Cowan）所言："报死虫的咔嗒声预示着屋子里将有人死亡。"关于昆虫的其他神话故事还有很多，有些甚至比老普林尼的故事和所谓的报死虫预言未来的说法还要匪夷所思。不过，随着深入阅读，你将会发现关于昆虫的真相以及它们给我们带来的益处比那些传说更加奇妙。

第一章

人见人爱

世界上有些昆虫向来受到人们的喜爱。现在让我们来好好瞧瞧其中几种，也捎带看看其他几种勉强称得上欣赏或喜欢的昆虫吧。

大多数人喜爱瓢虫——至少能够容忍。人人都知道这些迷人的小虫子及其幼虫会吞食蚜虫，也知道瓢虫是对人类最为有益的昆虫之一。但总体而言，人们喜爱瓢虫并不仅仅是因为它们能帮我们消灭害虫。（一个相反的例子是，有些园艺爱好者甚至会花上相当可观的价钱，买来几夸脱 半蛰伏状态的瓢虫，释放到花园中，以期控制蚜虫的数量。但这样做是徒劳的。瓢虫被释放并苏醒后不久就纷纷飞走，远远地散开，到别处吃蚜虫去了。）

那些对任何飞落到自己身上的昆虫都要挥手驱赶的人，却愿意接受瓢虫，欣然让它们爬上手掌和胳膊。这又是为什么呢？我的熟人和朋友——无论男女——告诉我，他们不介意瓢虫是因为瓢虫很可爱。确实如此：圆滚滚的，个头很小，毫无威胁感；半球形的身体通常呈鲜红色，长着又大又圆的黑点点。过去——或许直到今天仍是如此——人们常常看见这样的情景——孩子们让瓢虫在手上爬动，唱起一首儿歌："瓢虫，瓢虫，快从家里飞走，/ 你家的房子着火了，/ 你的孩子会被烧着的！"

很多语言都赋予瓢虫以讨人喜爱的称呼，它们常常由宗教

---

1 夸脱 =1.1365 升。

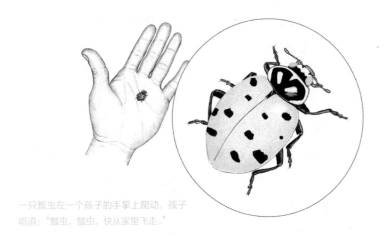

一只瓢虫在一个孩子的手掌上爬动，孩子
唱道："瓢虫，瓢虫，快从家里飞走。"

名词演变而来。瓢虫的英语名称是"圣母玛利亚的信使"（Our
Lady's bird）的缩略形式。F. 汤姆·特平（F. Tom Turpin）写道，
中世纪时期的欧洲农民已经知晓蚜虫常会毁坏农作物的事实。为
了让田地免受这些蚜虫的危害，他们向圣母玛利亚祷告以寻求帮
助。也许经常是瓢虫飞来吃掉蚜虫从而拯救了庄稼的缘故，它们
被命名为"圣母的甲虫"或"圣母的信使"。德国人使用的是类
似的名字，Marienkäfer，即玛利亚的甲虫。荷兰语中的瓢虫是
Lieveheersbeestje，即敬爱的上帝创造的小生命。瓢虫的法语名称
也差不多，bête à bon Dieu，即上帝的造物。希腊语中的瓢虫叫
paschalitsa，意思是东方的小东西。一位以色列朋友告诉我，希伯
来语管瓢虫叫 parat Moshe Rabbenu，意思是摩西的造物。

人们对瓢虫的热爱这件事却有一个例外。当色彩丰富的异色瓢虫涌入我们的家园，并且频繁出现时，有人便将它们视作了害虫。为了控制其他虫害，这些来自东方的陌生昆虫被释放到美国的土地上，但它们并没有在此稳定地扎根。直到 1988 年，异色瓢虫被引入美国，用于控制美国山核桃树上的蚜虫虫害。异色瓢虫很快广泛地散布开来，在加拿大南部和美国东北部的一些州繁衍得最为兴旺。尽管异色瓢虫对人类或人类的家园不怎么中意，却还是能在冬天从建筑物狭窄的门户溜进去，找到一处冬眠的容身之所，试图取代原来家乡的岩石裂缝。大部分异色瓢虫不再活跃，它们躲藏在内墙与外墙间的缝隙中，形迹全无；少数则跌跌撞撞陷入危险境地，闯入人类生活区，即使没被爱搞卫生的人碾死，也会很快因冬季楼房供暖后的干燥而脱水致死。

引入异色瓢虫消灭蚜虫是生物防治的一项实例。生物防治是指利用一种生物，如以昆虫为食的动物、寄生虫或细菌，来防治有害生物。有害生物通常是某种昆虫或植物。美国生物防治方面的第一个也是最为成功的应用案例，是引进了澳洲瓢虫来防治吹棉蚧，一种体型微小、吸食树汁的介壳虫。它们是蚜虫的亲戚，会在自己的身体和卵块上覆盖白色的蜡状丝线。1886 年，吹棉蚧像野火一样传遍加州南部的柑橘园，大有毁灭加州蓬勃发展中的柑橘产业之势。那时并无可以控制吹棉蚧的杀虫剂，柑橘产业似乎已是在劫难逃。

当时最伟大的昆虫学家查尔斯·瓦伦丁·赖利（Charles Valentine Riley）想到了一个绝妙的主意。他得知吹棉蚧是无意中从澳大利亚被带到加州的，而澳大利亚的吹棉蚧并不常见也绝无毁灭性威胁。他很好奇为什么吹棉蚧在加州的破坏性如此之强，数量如此之多，柑橘树看上去就像覆盖了积雪般白皑皑一片。他推测，澳大利亚的吹棉蚧数量被某种捕食者或寄生虫控制在低水平，而加州不存在吹棉蚧的天敌；要想控制住加州的吹棉蚧虫害，就必须找到那种捕食者或寄生虫，并让其在加州稳定生存下去。

此项生物防治措施的整个执行过程说来冗长而繁杂，涉及了很多政治和昆虫学方面的问题。简而言之，一位美国昆虫学家前往澳大利亚，找到了那种捕食者，即澳洲瓢虫，然后将几百只这样的瓢虫带回了加州。这些澳洲瓢虫很快定居下来，到 1889 年为止，它们差不多已经将整个州的吹棉蚧消灭得干干净净。直至今天，一个多世纪过去了，吹棉蚧依然处在澳洲瓢虫的控制中。为数不多的澳洲瓢虫将吹棉蚧的数量始终保持在无害的水平上。

生物防治虽是上天给予的恩赐，却也矛盾重重。引入非本土的寄生虫或捕食者来控制野草或害虫（通常也是非本土物种）的措施，可能也会伤害到除了目标物种之外的其他生物。比如，1906 年到 1986 年，一种来自欧洲的寄生蝇（*Compsilura*，刺腹寄蝇属）不断被释放到北美以控制让人头疼的欧洲舞毒蛾。这种蝇在幼虫阶段不仅生活于舞毒蛾毛毛虫的体内，也可以在至少其他两百种毛毛虫的身体里存活，是一种致命的昆虫体内寄生虫。乔治·贝特纳（George Boettner）同他的合著者在报告中称，由于这种寄生虫的出现，美国本土的一些蚕蛾数量大幅减少，包括美丽的罗宾蛾，即美国体型最大的蛾子，翅展长达 6 英寸，还有体型较小但也同样漂亮的普罗米修斯蛾，它们的茧曾在冬季的树丛中随处可见，如今却很难发现。这不禁令人感到遗憾，因为很多孩子第一次接触大自然的体验就是观察某种蛾子破茧而出的过程——这常常发生在小学教室里。

最受人喜爱的昆虫，当然要数因美貌而备受恩宠的蝴蝶了。沙曼·阿普特·拉塞尔（Sharman Apt Russell）在她的《蝴蝶法则》（*An Obsession with Butterflies*）一书中回忆了自己第一次真正注意到一只蝴蝶——一只大虎凤蝶——"蘸"到她脸上的情景："它的翅膀是柠檬黄色，有着令人难以置信的条纹，上面有黑色的凹痕。翅膀的尾部有长长的分叉，上面分布着红色和蓝色的点点……蝴蝶翩然飞远，留下我在原地感到快乐又兴奋不安，那感觉就像被赠送了一份我不配得到的礼物。"

在世界各地的多种文化中，蝴蝶都被认为是死者灵魂的象征，甚至是这些灵魂的转世。例如，在希腊语中，psyche 一词既指蝴蝶，又指灵魂、精神或思想。查尔斯·霍格（Charles Hogue）说，古希腊人经常用蝴蝶的形象来代表女神塞姬（Psyche），她象征着重生。美丽的蝴蝶从死气沉沉的蛹中钻出，就是灵魂离开死者躯体的时刻。霍格写道，在基督教统治下的欧洲，"蝴蝶或蛾子翅膀的飞行能力偶尔会被用于塑造某些天使的形象，还经常被安到仙子和精灵身上"。拉塞尔告诉我们，中世纪时，"人们认为蝴蝶是一心想偷窃黄油、牛奶和奶油的小精灵伪装而来的"。

据彼得·凯万（Peter Kevan）和罗伯特·拜伊（Robert Bye）说，与古希腊传说非常相似的是，墨西哥的塔拉乌马拉印第安人也相信蝴蝶和蛾子象征着出生、死亡和灵魂。当人死亡时，灵魂经过三个阶段升入天国。"在最后即最高的阶段，灵魂变成'魂蛾'（a nakarówili ariwá）回到人世，然后没入火堆被焚烧成灰烬。"塔拉乌马拉语中，"代表灵魂和呼吸的单词，即 iwigá 或 ariwá，跟表示蝴蝶的单词 iwiki 很相似，都有共同的词根 iwi"。灵魂转变成蝴蝶的观念深深埋植于中美洲的传统文化中。来自墨西哥城附近的特奥蒂瓦坎古城的考古证据表明，托尔特克人相信他们的统治者和战士的灵魂会变成蝴蝶。罗纳德·彻丽（Ronald Cherry）重述过一段神话，阿兹特克人有一位身披羽毛、具有蛇形身躯的强大神祇，名为羽蛇神："羽蛇神最初以蛹的形态来到世间，而后痛苦地从蛹中钻出，化身成蝴蝶所象征的完美形象。"

已故的米丽娅姆·罗斯柴尔德（Miriam Rothschild）是一位杰出的昆虫学家，她同其父亲一样，也是一位跳蚤方面的世界级专家。她的叔叔沃尔特·罗斯柴尔德（Walter Rothschild）则是世界闻名的蝴蝶专家，以及《贝尔福宣言》（*Balfour Declaration*）中所称的"亲爱的罗斯柴尔德勋爵"。（《贝尔福宣言》中英国政府承诺支持犹太人在巴基斯坦建立家园的行动。）她显露出对大自然的热爱，尤其是对蝴蝶的热衷："我种花纯粹是为了消遣。我爱植物的花儿和绿叶，是个不可救药的浪漫派，如饥似渴地搜寻着那些在草丛中忽隐忽现的'小星星'。蝴蝶扩充了花园的维度，它们像孩童时代的梦一般从花茎上松脱，逃逸进阳光中。"

时下蝴蝶园艺正越来越流行。蝴蝶园艺者放弃了很多园艺品种，因为那些植物通常不是本地品种，导致其花朵无法吸引本地蝴蝶。他们改种本地蝴蝶所青睐的本地野花。玛丽·布思（Mary Booth）和梅洛迪·麦基·艾伦（Melody Mackey Allen）在一本关于蝴蝶园艺的书中描绘了30种此类植物的插图，这个数量仅占本地园艺植物的一小部分。这些品种与众多其他本地植物的花朵争奇斗艳，往往比很多传统园艺种类更加娇媚。其中包括柳叶马利筋，长有大蓬大蓬的亮橘色管状小花；还有可爱的美国紫菀，开出的花是紫罗兰色的，很像雏菊；紫苞喇叭泽兰那巨大的花序也是由很多小小的紫红色花朵组成；美国薄荷会开一簇簇鲜红色的小花；还有美丽的加拿大一枝黄花，尽管这种植物在英国得到栽培，但它们并非自然出现在那里，不能想当然地认为它们能够博得英国蝴蝶的喜爱。

我永远不会忘记第一次在野外看见的蓝闪蝶那摄人心魄的美丽。那是在离墨西哥曼特城不远的河流沿岸的热带森林里，我看得如痴如醉。那里也有我此前从未见过的鸟类：白领黑雨燕在河面俯冲飞旋，成群的红冠鹦哥聒噪不已，树上栖息着色彩斑斓的铜尾美洲咬鹃。尽管我向来是一个观鸟成瘾的人，但那天在树丛间邂逅蓝闪蝶却是令我最为难忘的一件大事。之前虽见过制成标本的蓝闪蝶藏品，但眼前这只鲜活、灵动、美丽的生物却让我大为撼动。这是我所见过的体型最大的蝴蝶，它翅膀的浅表层闪烁着耀眼的蔚蓝色，当它不疾不徐地扇动翅膀时，仿佛有一方天色时隐时现。

我用网兜捉住了那只蓝闪蝶——理由充分正当：我要将它补充到伊利诺伊州博物学研究所（Illinois Natural History Survey）的昆虫收藏中，作为国家重要科学资源的一部分。而实际上，我只是感到自己必须得拥有这只异常艳丽的标本不可。我端详着手中的蓝闪蝶，发现当光线以某个角度照射在它的翅膀上时，蓝色荧光熠熠生辉，而换个角度时则呈现为黑色。显然，这种蓝色不是色素，跟草莓浸染在手指上的那种红色汁液不一样。那么，这种颜色是什么？又是怎样产生的呢？

希尔达·西蒙（Hilda Simon）在《幻彩之光》（*The Splendor of Iridescence*）中，以通俗易懂而充满诗意的文字，辅以漂亮的彩色插画，讲述了蝴蝶翅膀美丽色彩的奥秘。蝴蝶和蛾子（两者都属于鳞翅目，即"翅膀上有鳞片"的昆虫）的翅膀事实上是膜状且透明的。它们的颜色由覆盖在整个翅膀上层和下层的微小鳞片造成，这些鳞片像屋顶上的瓦片一样交错排列。鳞片中通常含有色素，当我们接触到蛾子或蝴蝶时，沾到手指上的有色"粉末"便是它们翅膀上的鳞片。但蓝闪蝶翅膀上不含色素的鳞片是如何显现出蓝色幻彩的呢？棱镜的实验表明，白光包含组成彩虹的所有颜色的光。西蒙解释道，蓝闪蝶色彩变幻的鳞片只反射蓝色，是因为这些鳞片上横布着很多纤薄细小的隆起，隆起面能反射光线，而隆起面之间的间隔距离大约相当于蓝光的波长。当光线以一定角度照射在鳞片上时，波长跟隆起面间隔相位一致的某种颜色——在这里为蓝色——会被反射回去。而相位不同的颜色互相抵消，因此从其他角度看翅膀是黑色的。

有人认为科学剥离了大自然神奇而迷人的特质。其实并非如此。透过表面现象探究本质原因，科学能展现更多奇观，所呈现的更多美妙之处时常令人惊诧不已。理解蓝闪蝶的幻彩原理并不会减损我们对蝴蝶的喜爱之情。难道我们只有在对深层奥秘一无所知时才能心存敬畏地看待大自然吗？

数千年来，日本人都颇为崇拜和喜爱蜻蜓和豆娘，不过并非世上所有人都秉持如此态度。尽管这些昆虫毫无害处，但在英国和北美，人们基本上无视它们的存在，甚至有时会畏惧它们，直到最近这种现象才有所转变。弗兰克·卢茨写道，它们"被称为魔鬼的缝衣针，会将坏男孩的耳朵缝起来；也有人称蜻蜓为蛇医或喂蛇官，认为它们掌管着爬行动物的需求；或称它们为叮马虫，同样基于错误的观念，以为它们会叮咬动物"。不过蜻蜓的名声在北美地区一直在稳步提升。我们回头再说这个，先来讲讲日本人对这种美丽昆虫的喜爱。

1901 年，时任东京帝国大学英国文学讲师的小泉八云（Lafcadio Hearn）写道："日本这个国家的几个古老名称之一是 Akitsushima，意思是'蜻蜓之岛'，对应的汉字'秋津'是蜻蜓的古称。这种昆虫现在被叫作 tombō，而在古代被称为 akitsu。"北美人和欧洲人几乎没给蜻蜓起过什么传统俗名，而日本人则为本国岛屿上两百种蜻蜓中的很多种类起了亲切的民间称谓，如帝王蜻蜓（tonosama tombō）、垂柳夫人（yanagi-jorō）、稻田神蜻蜓（ta-no-kami-tombō）。"上千年来，"小泉解释道，"日本人写过很多关于蜻蜓的诗句，这个主题至今仍是年轻诗人最爱的题材之一。现存有关蜻蜓的最古老的诗句，据说是 1400 多年前雄略天皇（Emperor Yūriaku）所作。据古籍记载，天皇某次打猎时，一只牛虻飞来叮咬了他的胳膊，随即有只蜻蜓扑来吞掉了牛虻。于是天皇下令让臣子们作诗赞咏这只蜻蜓。"

日本人写了很多俳句，即三行诗，都与蜻蜓有关。小泉八云引用过的俳句中，我最爱的有如下几首：

竹篱之疏影，

有蜻蜓栖息其上，

投照纸窗间。

遥看摘棉花工人的竹编帽！

每一顶上，

都停歇着一只蜻蜓。

蜻蜓寂寥地贴伏于树叶下——

啊！

秋雨淅沥！

日本人对蜻蜓的喜爱颇为执着。在四国岛上的中村市，有一个现代博物馆，专门展览蜻蜓和与其近缘的豆娘，附近还有一座国家蜻蜓协会建立的蜻蜓神社。

　　美国人和加拿大人一贯崇尚蜻蜓和豆娘所呈现的装饰感。这些优雅的昆虫可以作为珠宝、女性服饰、领带、灯罩、雨伞等几乎任何事物的装饰图案。不过直到最近，非昆虫学家的北美人民才开始对活着的蜻蜓产生兴趣。

　　几年前，我在安大略省的阿冈昆省立公园观鸟时，偶遇一小群手执望远镜的游客。他们也是观鸟爱好者，但那天却在用短焦望远镜辨认蝴蝶，调查蝴蝶的数量。我知道确实有一些观鸟爱好者同时也观察蝴蝶，不过让我长见识的是，他们说第二天要去调查蜻蜓。

西德尼·邓克尔（Sidney Dunkle）的《用双筒望远镜观蜻蜓》（*Dragonflies through Binoculars*）一书含有380多幅蜻蜓的彩色图片，可以作为观察北美蜻蜓的手册。邓克尔解释道："实际上公众并没有给各个蜻蜓种类起什么通称。因此这本书里提到的蜻蜓种类的英文名称是按美洲蜻蜓学会（Dragonfly Society of the Americas）的新标准命名的。"还有别的蜻蜓指导手册和其他几个蜻蜓协会：国际蜻蜓目基金会（Foundation Societas Internationalis Odonatologica，FSIO），总部在荷兰；全球蜻蜓协会（Worldwide Dragonfly Association），总部在德国；还有俄亥俄州和密歇根州的州立蜻蜓协会。

早年在 6 月的一个温暖宜人的宁静夜晚，我和观鸟同伴默纳·迪顿（Myrna Deaton）在伊利诺伊州南部深处的一个牧场边驻足观察。我们聆听着夜晚的鸟鸣，耳边传来三声夜鹰标志性的鸣叫，偶尔还有卡氏夜鹰的叫声。数不清的萤火虫，也许有几百上千只，在牧场的草地上一闪一闪地飞过。一时间我们忘记了观鸟的目的。默纳作为比我还要狂热的观鸟者，也陶醉在眼前飞舞流动的点点黄光之中。

我向默纳解释——也许说的比她想知道的还要多——这些引人注目的昆虫可不是什么小飞虫，而是甲虫。它们通过腹部末端器官的化学反应发电，反应的效率非常高，产生的能量几乎 100% 转化为光亮，因此发出的是冷光。相反，白炽灯产生的能量只有 10% 转化为光亮，而浪费的 90% 的能量则转化为了热量。

小孩子都迷恋萤火虫，至少我小时候如此。跟小伙伴们一样，我也会把萤火虫放进罐子里，加上点青草——我以为那就是它们的食物（实际上萤火虫是吃其他昆虫为生的）——夜里便躺在床上观察它们在黑暗中忽明忽暗的样子。有一次我在罐子里放了很多萤火虫，试图搞清它们能不能产生足够的光亮让我看书。结果倒真是可以，但光线只是勉强够用，还得字体足够大才行，而且眼睛感到很累。年幼的我常常想，在我所认识的众多昆虫中，为什么只有萤火虫才能发光，发光对它们又能有什么作用呢？如今我已经知道答案，但心中仍留有初次见萤火虫时欢欣振奋的心情。

室贺洋子（Yoko Muroga）和笹森和子（Kazuko Sasamori）向我解释，日本人非常看重和喜爱本国岛屿上出现的这些发光的萤火虫，它们的日本俗名为 hotaru。小泉八云曾翻译过两首关于萤火虫的儿歌：

萤火虫，这边飞，这儿有水可以喝！

远处的水很苦涩，这里的水很甜美！
来啊来，这边飞，飞来喝点甜甜的水！

萤火虫，这边飞！
发光虫，来这里！
用你的小灯
给我送信来！

我家客厅的墙上挂有一幅裱装精美的书法，写着汉字"萤"，由朋友室贺太太所作。（日本人常在书写中使用汉字，特别是在学术和文学写作中。）这个汉字的下半部代表昆虫，从上面伸出的两个优美的图形象征火焰。因此，这个汉字的字面意思是"发出火光的昆虫"。

山本雅子（Masako Yamamoto）是笹森太太的一位朋友，她送给我她自己翻译成英文的毕业歌的歌词。她说昔日日本大多数学校的毕业典礼上常吟唱这首歌。"如今，"她写道，"有些学校已放弃这首歌，而采用了流行歌曲。我心里觉得失落，无法想象没有这首歌的毕业典礼是什么情景。我以前在日本做音乐老师时，总是在毕业典礼上弹钢琴伴奏的。"以下是山本太太翻译的歌词：

学生时代，我们曾发奋学习。过去没有读书灯。夏季来临时，

以上是代表发光的雄萤火虫的汉字，它由两部分构成，下面代表昆虫，上面代表火焰。

我们用笼子收集很多萤火虫，借着它们的光明我们在夜间仍然可以读书。冬天，我们凭着从窗户外反射进来的雪光用功学习。光阴荏苒，如今我们即将从学校毕业。我们打开充满甜蜜的（过去那美好的）回忆之门，各奔东西。（希望有朝一日还能再相聚。）

《日本大事典》（*Japan : An Illustrated Encyclopedia*）中记载："在日本，人们长期以来把萤火虫与一则中国传说联系在一起，讲的是一位贫寒的书生买不起灯油，只能借着萤火虫的光亮来读书。"

观萤（hotarugari）这一活动大概是从中国流传而来，已在日本延续了好几个世纪。2006年的《东京观光综合指南》（*Tokyo Sightseeing Comprehensive Guide*）称，将会在 6 月 21 日到 7 月 15

日举办第26届岩藏温泉萤火虫祭（即萤火虫节）：

　　岩藏温泉位于青梅市北部，是一座古色古香的温泉村。每年"萤火虫祭"期间有大批游客前来参观，期待能见到萤火虫。该节日作为夏季的特色活动，一直广受欢迎。住宿地点为方便客人观看萤火虫而提供往返巴士。观看萤火虫胜景前后，我们还推荐您游览盐船观音寺，体验山地徒步以及具有美肤功效的温泉水疗。

　　中国人自古以来就着迷于萤火虫。小泉八云翻译了一段《隋书》中的记录："大业十二年（公元616年），隋炀帝游览华清宫。皇帝下诏搜集大批萤火虫。夜间，皇帝和众臣来到山上。其时无数萤火虫被释放，整个山谷随即星光闪耀。"

　　伊萨克·丹森（Isak Dinesen）同样醉心于萤火虫。在《走出非洲》（Out of Africa）中，她诗意地描写了萤火虫的美。6月初肯尼亚的高原上，萤火虫出现在树林里时，夜晚已寒意料峭：

　　入夜后能看到两三只萤火虫，在清冽的空气中像毫无畏惧的孤单星辰，上下飞舞，仿佛模仿着海浪的曲线，又像在向人屈膝行礼。它们边飞边有节奏地点亮和关闭随身的小小灯盏。再过一晚，林中就会出现大片大片的萤火虫。

　　出于某种原因，它们保持着一定的高度飞行，离地面四五英

尺 *高。这不由令人想象出这样的画面：一大群六七岁的孩子手持蜡烛，随着魔法般跳动的火焰，他们奔跑穿过黑暗的森林，快乐地跳上跳下，不住地玩闹，挥舞着手中小小的火把。森林中虽弥漫着狂野嬉戏的生气，四下却是静悄悄的。

萤火虫发光究竟是为了做什么呢？昆虫学家们已经找到了这个复杂问题的部分答案。我故意用"部分答案"这个词，因为还有更多需要探究的真相。不过我们掌握的内容已然奇妙。萤火虫发出的光是雌雄之间的信号。飞行中的雄萤火虫发出简短而有意义的信号，类似于摩斯密码，每个种类的雄萤火虫的信号都有所不同。停歇在草地上或其他低矮植被上的雌萤火虫看见雄性的信号并且认出是自己的同类后，就会用自己编码的信号发出回应。雌性的信号可能跟雄性的不同，但都具有该物种的特征，以便雄性识别。信号可以说明雌性的位置，并表明它是同种的雌性，可以交配。

但雄萤火虫最好还是小心为上。所谓螳螂捕蝉，黄雀在后。有些雌萤火虫的信号会将雄性引向死亡之路。据我们目前所知，福提努斯属（*Photinus*）的雄萤火虫有时会被女巫萤属（*Photuris*）的雌萤火虫吃掉。后者会用相应的信号来回应求偶的同种雄性，与之交配，并且通常不会吃掉它们；但它们回应其他种类雄萤火虫的信号则不同。它们用福提努斯属雌萤火虫的发光信号来回应该属的雄

---

*1 英尺 =30.48 厘米。

萤火虫。也就是说，女巫萤属的雌萤火虫破解了福提努斯属萤火虫的密码。发现这一骗局的詹姆斯·E. 劳埃德（James E. Lloyd）笑称女巫萤属的雌萤火虫为"蛇蝎美人"，因为它们最后会将自己用假信号诱骗来的福提努斯属雄虫吞进肚中。女巫萤属某些种类的雌萤火虫甚至能模仿福提努斯属好几种萤火虫的信号，堪称一门了不起的绝技。

东南亚发光的萤火虫树是最为夺人眼球的自然奇景。约翰·巴克（John Buck）引述说，18 世纪早期，恩格尔贝特·坎普法（Engelbert Kampfer）描述了他在泰国见到萤火虫树的情景，那可能是关于这种奇观最早发表的文字："树上的萤火虫……呈现出另一番景象，如同一团熊熊燃烧的云，令人啧啧称奇。一整群萤火虫占领了树，分散在树枝上，它们发出的光会突然同时消失，过一会儿又一齐亮起来，如此反复，非常有规律。"

数万只萤火虫白天栖息在树上，而夜间，有些种类的雄萤火虫会不约而同发起光来，频率从半秒 1 次到 3 秒 1 次不等。雌雄萤火虫都被吸引到树上来，而雌性并不参加同时发光的游戏。在雄性的发光间隔中，雌性发出的微暗光亮在黑暗中隐约可见，大概只是要告知雄性附近存在可以交配的性伴侣罢了。一旦受精——通常雌性会与不止一只雄性交配——雌性就会离开树，寻找适合幼虫生活的小环境去产卵。

我听说，一位女士曾咨询一位享誉世界的蚂蚁专家，说她家厨房里有蚂蚁，应该怎么办。专家告诉她"小心迈步"。很少有人会为了保护蚂蚁而给出如此贴心的建议。大部分人在家中看见蚂蚁，都会打电话叫专业灭虫人员来处理，或者以低得多的成本和可以忽略不计的毒素残留，着手放置诱蚁毒药。人们通常不喜欢家中出现蚂蚁，但在很多文化中，蚂蚁被视作勤劳和秩序的典范。

　　《圣经》中记载了约3000年前以色列伟大的君主所罗门的箴言。他给不关心未来的懒汉如下建议：

　　去看看蚂蚁吧，你这懒汉；

　　审视它们的方法，变聪明些：

　　蚂蚁没有首领、监工或统治者，

　　却能在夏天拿出面包，

　　在收获的季节收集自己的食物。

　　懒汉啊，你还要睡多久？

　　你何时才能从睡梦中起身？

　　（《箴言》6：8-9）

　　大约400年后，希腊的伊索讲述了蚱蜢和蚂蚁的故事。一群蚂蚁正在阳光下晾晒储存的种子，一只蚱蜢走过来乞求它们给它一点种子，抱怨说自己就要饿死了。忙碌的蚂蚁暂时停下工作，问蚱蜢为什么不自己收集食物挨过冬天。蚱蜢回答自己一直忙着唱歌。（伊索大概不知道雄蚱蜢唱歌是为了吸引雌蚱蜢，虽然雌雄蚱蜢都会很快死去，但它们把卵埋在了土地里，所以它们的后代将会熬过冬天。）

公元 2 世纪，伊索之后约 800 年，古罗马作家阿普列乌斯（Apuleius）讲述了凡人塞姬如何变成永生的女神的故事。这个故事是由伊迪丝·汉密尔顿（Edith Hamilton）生动描述的，篇幅长而情节复杂，因此我在这儿直接跳到蚂蚁的部分。女神维纳斯嫉妒塞姬的美貌，给她设置了一系列不可能完成的任务。在第一个任务中，她在塞姬面前放了一大堆混在一起的细种子，让她在夜晚到来之前把它们分开。"田野里最小的动物"——蚂蚁——前来帮助塞姬。"它们努力地分啊分啊，直到把乱糟糟的一大堆种子分门别类，各自摆好。"

英国词典编纂者、作家塞缪尔·约翰逊（Samuel Johnson）曾写下这样的诗句：

> 将你漫不经心的眼睛转向谨小慎微的蚂蚁吧，
> 看看它的辛苦劳作，懒汉！聪明些吧！
> 没有严厉的指示，不需要言语的监督，

来规定它的职责或指挥它的选择；

但它会及时地匆匆走去，

搬回一天的收获；

当盛夏的平原满载果实，

它收集粮食，储存谷物。

有些昆虫只会在某种特定情况下才被人们喜欢和欣赏。比如，即使是最具破坏性的害虫——臭名昭著的棉铃虫——最终也在历史上招来过几个不大情愿的崇拜者。这种象甲在 1892 年从墨西哥引入得克萨斯州，1922 年已经进犯了美国东南部各州的大多数棉花种植区，摧毁了棉花的蓓蕾、花朵和棉铃。这堪称灾难！棉铃虫成了美国南部最令人恐惧和痛恨的昆虫。汤姆·特平引用了当时一首流行歌曲中的词句：

棉铃虫吃了一半的棉花，

银行家得了另一半；

棉铃虫只给农民的老婆

留下一条旧棉布裙，

裙子上全是洞，全是洞。

1915 年，当棉铃虫来到亚拉巴马州的咖啡县后，该县的经济一度停滞。棉铃虫毁坏了 90% 的棉花苗。当时棉花是美国东南部棉花种植区的主要作物，也是当地经济的根基。农民们只好改种其他经济作物，其中包括花生。亚拉巴马州塔斯基吉研究所的乔治·华盛顿·卡弗（George Washington Carver）发现花生有很多用途，几十年来他一直推荐美国南方的农民种植花生。

转向多样化耕种是幸运的，让人们得以在棉铃虫暴行的阴云中看到了希望之光。咖啡县最大的镇——企业城的中心，坐落着一座 1919 年竖立的纪念碑，纪念促使当地实现多样化经济耕作的棉铃虫的功绩。雕像上刻着文字："深切感谢棉铃虫，它们的所作所为带来了我们的繁荣。"竖立一座卡弗的雕像应该更为恰当，不过表彰一位黑人在 20 世纪早期的美国南方是不可想象的。

鲜有人喜欢跳蚤，但如此吸血之物在六七世纪竟也有一批热烈的追随者。旧时的卫生条件非常马虎，人们的家中和身体上常有跳蚤，即使那些举办时髦沙龙，宴请艺术家、作家等社会名流的显赫夫人们也不例外。16 世纪后期，马德琳·德·洛奇（Madeleine des Roches）和她的继女凯瑟琳（Catherine）在法国普瓦捷举办过此类沙龙。在 1579 年的一次聚会上，性感美艳的凯瑟琳胸脯上冒出了一只跳蚤。在场的男士们被迷得神魂颠倒，纷纷写诗来纪念此番景象。艾蒂安·帕斯基尔（Étienne Pasquier），一位名不见经传的法国诗人，也怀着妒意写了诗，羡慕那只幸运的跳蚤可以咬到美丽的凯瑟琳玲珑凸显的酥胸。这些诗属于一种所谓"胸上跳蚤"的诗歌类型，自古有之，一直延续至 19 世纪，甚至在如今的五行打油诗和笑话里还能见到。很多诗句如帕斯基尔的诗一样，表达了对跳蚤的嫉妒，多半还会对跳蚤在女士身体上的去向做出下流的猜测。

17 世纪早期，英国诗人约翰·多恩（John Donne）写了一首满怀忧思的诗《跳蚤》（*The Flea*）：

看呀，这只跳蚤，叮在这里，

你对我的拒绝多么微不足道；

它先叮我，现在又叮你，

我们的血液在它体内融合；

你知道这是无可言说的罪恶、羞耻，是贞操的丧失，

它没有向我们请求就得到享受，

饱餐了我们的血滴后大腹便便，

这种享受我们无法企及。

伊利诺伊州的尚佩恩市有些居民——至少还有一位电视天气

播报员——相信灯蛾毛毛虫的绒毛外套上黑色的覆盖率能预示来年冬天的严酷程度。这种毛茸茸的虫子大概 2 英寸长，头尾两端长有黑色刚毛，身体中部具红棕色刚毛，在和煦的深秋时节常能见到它们步履仓忙地爬过马路。美国昆虫学之父约翰·亨利·科姆斯托克说，这种毛毛虫的行为让新英格兰诞生了一个比喻——"像秋天的毛毛虫一样行色匆匆"。那些相信毛毛虫能预测天气的人非常关注它们，甚至给尚佩恩市天气预报员寄去标本。但科姆斯托克指出，"不同毛毛虫个体的黑色程度本就不尽相同"。洛勒斯·米尔恩和玛格丽·米尔恩（Lorus and Margery Milne）解释道，实际上毛毛虫的颜色"显示了它生长发育的程度，之后寒冷的秋意会促使它去寻找庇护所度过冬天"。

我怀疑灯蛾毛毛虫是否仅因为秋寒而去寻找庇护所。它很有可能跟很多其他昆虫一样留心到了季节改变的信号——白昼长度的变化：在一年的最长白昼即 6 月 22 日后，白天开始缩短；一年的最短白昼即 12 月 22 日后，白天开始增长。秋日缩短的白昼催促灯蛾毛毛虫寻找庇护所的机制，跟秋日阳光促使菊花和蟹爪兰开花是一个道理。如果能安然过冬，尚未发育成熟的毛毛虫会在春天继续进食一段时间，然后用它的刚毛和吐出的丝一起结成茧。不久它就会变成一只灯蛾成虫从茧中钻出，微黄的翅膀上还留有少量的黑色点点。

我的眼科医生让我帮忙寻找伊利诺伊州博物学研究所的三篇年代久远的长篇论文，分别关于蜉蝣、石蝇和石蛾。这些水生昆虫生活在岩石广布、水流湍急的溪流中，即"鳟鱼水域"。当然，他是一个飞钓（fly fishing）爱好者，用人造诱饵（fly）来钓鳟鱼。飞钓又称假饵钓法，钓鱼者在鱼钩上装饰羽毛和动物毛皮以模仿水生昆虫。我的眼科医生和他的很多飞钓同好一样，都是不屑使用蠕虫等活体诱饵的纯粹主义者，他们只用假饵钓鱼。查尔斯·沃特曼（Charles Waterman）的《垂钓史》（*A History of Angling*）中有这样的句子："我喜欢自己动手愚弄鳟鱼。上帝创造水生昆虫，而我制造假饵。"不过这些纯粹主义者确实相当了解昆虫知识，他们能辨识多种水生昆虫，了解它们的生命周期，知道一年中什么时候会从水中冒出成虫。他们认为要用看上去像某种特定水生昆虫的假饵来蒙骗鳟鱼，也懂得要在何时何地这样做。

　　例如，未成熟的蜉蝣，即蜉蝣若虫，紧贴于溪流中的岩石上，甚至藏在岩石下面，直到发育完全。之后，每种蜉蝣到了时间就会游到水流表面，在羽化为成虫并长出翅膀的短暂时间里，它们会在水面稍作停留，然后飞去交配、产卵。鳟鱼非常警觉，最有可能捕捉到它们的方式是投喂形似当下生长阶段蜉蝣的假饵。在蜉蝣孵化的早期阶段，鳟鱼会被下沉的"湿假饵"蒙蔽，因为"湿假饵"很像正儿八经的蜉蝣若虫，被鱼线拉一拉还能模仿蜉蝣若虫游弋的动作。随着孵化的进展，就得用"干假饵"了，这种诱饵不会沉入水中，被抛撒后会轻轻落在水面上，看起来像刚刚羽化的蜉蝣成虫在水面歇息，不会让鳟鱼觉察出异样。

飞钓历史悠久。拉里·科勒（Larry Koller）引用了罗马人克劳迪厄斯·艾利安（Claudius Aelian）对 1700 多年前马其顿王国的飞钓景象所作的描述："他们把红色羊毛绑在钩子上，在羊毛旁边安上两根公鸡肉垂下方的羽毛，颜色像是蜡油。所用钓竿为 6 英尺长，鱼线也是相同长度。钓者继而撒下鱼饵。被鱼饵颜色吸引的鱼兴奋地游近，即刻张开嘴，此时却已被鱼钩挂住。一旦被捕，它才知道自己所贪食的盛宴是如此苦涩。"

1653 年，艾萨克·沃尔顿（Izaak Walton）出版了最广为人知的有关钓鱼的著作：《高明的垂钓者》（*The Compleat Angler or the Contemplative Man's Recreation*）。沃特曼略带不屑地评价道："沃尔顿使用的是浸润式鱼饵。"意思是说，他用的是蠕虫和其他活体鱼饵。但《高明的垂钓者》新版本的合著者之一查尔斯·科顿（Charles Cotton）不仅使用浸润式鱼饵，还补充了一系列人造假饵，并详细描述了固定假饵的办法。假饵钓法已发展得非常成熟，几乎成为"鳟鱼钓者的圣经"。"再没有其他钓鱼方法能像这样规范、标准化和正式了。"沃特曼写道。

尽管活体鱼饵受到了假饵钓鱼者的鄙视，但仍有一些人会使用活鱼饵钓鳟鱼。在康涅狄格州长大的我也是其中的一员。我和朋友们用的是蚯蚓而不是水生昆虫。在自然环境中，当堤边的泥土滑落到溪流中时，鳟鱼也会去寻找蚯蚓吃。发现了这个秘密后，我们会事先为鳟鱼准备好一顿虫子大餐，把岸边的泥块踢到河里，然后跑到下游，当泥块漂过来时，便撒一把虫子到水里，以捕获鳟鱼。当时我们不知道直接用活鱼饵对鳟鱼来说是失敬之举：我们不是要欺骗鳟鱼，只是想抓条鱼来吃罢了。

现代的鱼饵被一种所谓的"导线"系在鱼线上，那是一种细长、透明、有点像尼龙的人造纤维。在合成纤维被广泛使用前，几个世纪以来"导线"是用天然丝线以一种不同寻常的方法制成的。理查德·佩格勒（Richard Peigler）说，毛毛虫发育成熟、即将结茧前，人们会摘除它们的丝腺。这些虫子不是下一章要讲的那种广为人知的商业用蚕，而是一种中国的大型蚕蛾，跟北美常见的普罗米修斯蛾和罗宾蛾有亲缘关系。储存有尚未干硬的丝液的丝腺，被人们"用醋浸泡、清洗，然后拉伸至两码*多长"。这种工艺主要在中国的海南岛上盛行。

下一章要讲的昆虫是商业所用的蚕，对人们来说是很好的材

---

* 1 码 =0.91 米。

料，因为它们的产物丝纤维极为珍贵，可以被制成华丽的纺织品。在后面几章我们还会发现，人们看重其他一些昆虫是因为它们的身体或产物如同蚕丝一样，总能以各种方式为人所用。

第二章

罗绮衣裳

数千年前，中国人学会了用纤细的丝线织就锦衣华服。一种俗称桑蚕的毛虫——即家蚕（*Bombyx mori*）的幼虫——会从唾腺分泌蚕丝。跟很多其他昆虫一样，家蚕从蠕虫模样的幼虫逐渐成长为带翅膀的成虫，在这个过程中幼虫利用丝线织成茧，在里面蜕变成蛹。蚕丝虽来自区区小虫，可谓"出身卑微"，却自古备受世界各地人民的喜爱和珍视。

相传公元前 2640 年，中国的西陵氏（即嫘祖）无意中将一枚蚕茧掉入一杯热茶。她将蚕茧捞上来后，从中抽出一根极其细长的丝。（后面我们会讲到为什么蚕茧浸在热水中后会出现这样的情况。）有人说这是养蚕业的起源，从此人们开始饲养桑蚕并收集蚕丝。但在古代墓葬中发现的丝绸却表明，人们在更早的时候——大约石器时代后期——就已经开始使用蚕丝了。

中国人数千年来小心守护着蚕丝的来源和制作方法的秘密。公元前 1000 年，他们用丝绸与印度、波斯和土耳其进行贸易往来。到这个千年快结束时，养蚕业已经流传到了印度，几百年后传到了日本。公元 6 世纪，在拜占庭皇帝查士丁尼一世的传命下，两名波斯修道士将蚕卵藏于空心的手杖内，偷偷运回君士坦丁堡。东方的秘密就此泄露。手杖中为数不多的那些蚕卵成为欧洲养蚕业的基础，养蚕逐渐发展为意大利和法国的一项重要产业。我们将了解到，19 世纪时美国尝试过养蚕，但这是一项劳动密集型产业，美国与低酬外国劳工相比毫无竞争优势，很快便放弃了。

无可争辩的是，丝绸堪称布料之王。菲莉帕·斯科特（Philippa Scott）在一本文字颇具启发性、插图精美的书中写道，丝绸"是华美、贵气、庄重的布料；它极富异邦风情，撩人感官大开。最为重要的是，丝绸之美不可方物"。许多诗人也非常欣赏丝绸的质地。公元前1世纪，汉武帝曾写诗哀叹自己再也听不到他已故爱妃丝裙的摩挲声了。在莎翁戏剧中，奥赛罗向黛斯迪蒙娜索要他们的定情信物——一条事关利害却遗失了的丝帕，他声称这条丝帕具有神奇的品质："空心的虫子可不会吐丝。"1648年，英国诗人罗伯特·赫里克（Robert Herrick）写道：

朱莉娅一身丝缎，翩然款步，
忽此忽彼，波光粼粼，我飘忽，
我迷离，她随衣裳摇曳如许。
我转而凝目贯注，那恣意的颤动
映入眼帘，每一姿态自由舞弄，
啊，那熠熠的闪忽令我魂入苍穹！

斯科特评论道："丝绸在历史上一直受到人们的希求和珍视，它代表品质最好、最具贵族气质、最神圣的物品，是尊贵的礼物。"在12世纪的欧洲，为表示尊崇，人们通常用珍贵的进口丝绸制成的旧圣衣来裹放圣人的遗骨和遗物。

人的社会地位往往在其所穿衣饰的精美程度上有所体现，而丝绸则是优雅和富裕的标志。马克·吐温曾说过这样的名言："人靠衣装。衣不裹体的人毫无社会影响力。"《中世纪词典》（*Dictionary of the Middle Ages*）（由 J. R. 斯特雷尔［J. R. Strayer］编纂）讲得更直白："衣着是一种社会性特征。只要看一眼某人穿的衣服，观者就能摸清他的阶层、信仰、行当和职业（包括职务）。"

公元前 753 年，早在罗马帝国建立前几百年，中国的皇帝就已身着丝质服饰；到了清朝，皇帝的服装演变成极为奢华、精美、颇具仪式感的袍子，由最上等的丝线和金线交织的锦缎制成。斯科特引述道，公元 10 世纪，紫式部（Murasaki Shikibu）记录了当时丝质衣物在日本贵族阶层中的重要作用："衣服代表了人，衣服就是其主人个性的直接反映。"杰弗雷·乔叟（Geoffrey Chaucer）的《坎特伯雷故事集》（*Canterbury Tales*）是 14 世纪用中古英语写就的，后由 J. U. 尼科尔森（J. U. Nicolson）翻译成了现代英语。在磨坊主的故事中，乔叟描述了木匠年轻貌美的妻子身穿丝绸的样子：

> 她系着带条纹的丝质腰带，
>
> 拦腰的一条围裙，
>
> 白得和清晨的牛奶一般，
>
> 鼓起一道道的裙褶。

她的罩衫也是白色的，

前后都有刺绣，

衣领的前后里外都缀着乌黑的丝绸；

帽子上垂下的飘带也是同样的黑绸，

一条宽的束发丝带，

系住头发上部。

同在中国、日本和后来的中东一样，丝绸在中世纪的欧洲也成为了布料之王和华贵衣饰的首选面料。某些时代在某些国家，禁止奢侈作风的法律甚至明确规定了中世纪欧洲人应该穿着的衣服种类。这些法规有时是训诫人们，避免铺张浪费，但更多是通过服装明确划分了社会阶层。例如，约翰·文森特（John Vincent）写道，1488 年，瑞士苏黎世的非贵族妇女被禁止穿"丝绸服装"，"衣服、鞋子、围巾等禁止有丝质花边"。1693 年，德国纽伦堡的一项条例建议贵族妇女"可以用质地优良的天鹅绒、锦缎制作上衣，也可以用金银搭配丝织品"。商贸行业的妇女只被允许穿"用锦缎和次等丝质材料所制的裤子和夹克衫，而缎子、上等天鹅绒，无论是否经过剪裁，都绝对禁止使用，否则罚款 10 基尔德（gulden）"。

足以让人惊讶的是，据加里·罗斯（Gary Ross）说，在西班牙入侵之前，在如今的墨西哥所在地和中美洲的某些地区也有类似的禁奢法。"无论在什么情况下,"他写道,"从日常劳作到正式场合,甚至在战场上,每个人都要穿着表明自己社会地位的衣物;衣服即是身份。"罗斯写道,染料——当然是指天然染料——"是衣饰等级的基础"。我们将在第三章探讨来自昆虫的天然染料。

尽管已经出现了尼龙和其他合成材料,但丝绸仍被视作最为奢华和独具魅力的布料。1938 年,当时美国社交圈最有名的年轻女子布伦达·弗雷泽(Brenda Frazier),穿着一袭引领时尚的无肩带真丝礼服,出现在她初次露面的聚会上。1966 年,高级时装设计师伊夫·圣罗兰(Yves St. Laurent)发布了一款雪纺绸制成的透视装女士衬衫,轰动一时。罗里·埃文斯(Rory Evans)在《特朗普与时局》("Trump and Circumstance")这篇文章中写道,2005 年春季版《时尚婚礼杂志》(*Weddings in Style*)"对唐纳德·特朗普(Donald Trump)和梅拉尼亚·克瑙斯(Melania Knauss)强强联合的婚礼作了深入考察"。新娘的迪奥高级定制的丝缎礼服有 60 磅重,上面缀满了手工缝制的串珠和精致的刺绣,价值 10 多万美元。

你可能不知道,除了家蚕及其近亲,还有很多种昆虫也演化出了分泌与合成丝线的能力。当然,像蚕这样的昆虫以及蜘蛛吐丝

---

* 1 磅 =0.45 千克。

并不是为了满足人类的需要。那么，对于这些吐丝动物——90 万种已知昆虫和 6.5 万种已知蜘蛛及其亲缘种类，它们的丝究竟有什么用呢？文森特·威格尔斯沃思爵士（Sir Vincent Wigglesworth）在一本关于昆虫生理学的权威著作中，讲述了这些小动物吐的丝在生存和繁殖竞争中的作用，并进一步指出不同动物是用不同器官来造丝的，这表明这项实用的技能曾经独立演化了多次。

蚕蛾和许多其他蛾子、几种蝴蝶幼虫，还有胡蜂、蚂蚁、熊蜂、某些蜜蜂等昆虫的幼虫都会在化蛹阶段——即自身失去行动能力、无依无助之前——通过特化的成对唾液腺分泌丝液。这些丝液由口器两端的吐丝器（spinnerets）挤出，幼虫将其织成茧子，保护自己免受恶劣天气和天敌的侵害。成群的天幕毛虫通过唾液腺分泌丝线，在野生樱桃树的枝杈间织出非常显眼的巨大白色"帐篷"，躲在里面。在亚洲和非洲，编织蚁成虫不吐丝，但它们会将幼虫衔在口中，像利用梭子一样，以幼虫吐出的丝缠绕树叶，在树上筑巢。舞毒蛾等飞蛾刚孵化出来的毛虫以及蜘蛛，尽管体型很小，却能远行，甚至可以抵达数英里之外，这是因为它们悬垂在长长的丝线上，借助微风的力量"漂流"。我的研究生奥布里·斯卡伯勒（Aubrey Scarbrough）观察到，寻找地方结茧的罗宾蛾毛虫会标记自己的路径，方法是在寄主树干和地面上布下一根丝线，路径长达30 多英尺，但有时它们可能不得不顺着丝线折回。

一些昆虫会像大部分蜘蛛那样用丝网来捕获食物。比如，有些住在溪流里的石蛾幼虫从特化的唾液腺分泌丝线，将其织成网，在湍流中收网捕捞单细胞藻类和微小的动物来吃。哈罗德·奥尔德罗伊德（Harold Oldroyd）写道，大批前往新西兰怀托摩虫洞的游客要去观看的成群的"发光虫"实际上是双翅目昆虫的幼虫。它们用唾液腺分泌丝线，这些丝线从洞顶悬垂下来，上面附有黏液的液滴，在黑暗中闪闪发光，好似珠帘，吸引着小型飞虫靠近以粘住它们。另有些双翅目幼虫在湖底的淤泥中钻出 U 形地道，用丝网封住前端的洞口。幼虫蠕动身体引发地道中的水流从后涌向前端，丝网便可以截获一些食物颗粒。每隔 3 到 4 分钟，幼虫会把丝网连同上面的食物一起吃掉，之后重新织一张网。

雄舞虻向雌舞虻求爱时会赠送食物，比如某些种类的舞虻用前足腺体分泌的丝线将食物缠裹起来献上。另有些种类的雄舞虻会向雌性奉上一枚大大的丝球，里面什么虫也没有。不知何故，雌舞虻接受丝球后竟会同意与雄性交配，可能那只是象征食物的一种礼物吧。

有一类叫作足丝蚁（纺足目）的小昆虫生活在土壤的隙道等地方，它们用前足腺体分泌的丝线将自己的生活空间网罗起来。与其他吐丝昆虫不同的是，足丝蚁的幼虫和成虫都能吐丝结网。

衣鱼是一种无翅的原始昆虫，没有体内受精过程。与其他昆虫不同，雄衣鱼没有功能性的雄性生殖器，无法将精子注入雌性生殖器内。雄衣鱼先将一包精子团丢在地上，然后从类似生殖器的器官分泌出丝线，引导配偶靠近精子团。接下来的一切则要依靠雌衣鱼去完成：跟随丝线的引导，找到精子团，塞进雌性生殖器内。

草蛉的幼虫叫蚜狮，属于捕食性幼虫。草蛉产的卵分布得比较松散，一簇簇分开。为了保护卵不受捕食者侵害——捕食者很可能是刚孵化出的兄弟姐妹，它们会从相当于肾的马尔比基氏管以及肛门中分泌出丝线，形成又高又细的杆子，把卵顶在上面。（18 世纪的意大利科学家马塞洛·马尔皮基［Marcello Malpighi］，因其对人体和昆虫解剖学的开创性研究而闻名。他在对蚕的解剖学研究中，首次描述了"昆虫的肾"的结构和功能。）某些水生甲虫通过与外生殖器相关的腺体分泌丝线做成茧，并将卵产于其中。它们的茧能够漂浮在水上，上面有一个像桅杆一样的通气孔。

数千年来，蚕已不再适应在野生环境中生存，它们已完全被人类驯化。跟其他昆虫——甚至包括蜜蜂——不同的是，蚕完全依赖人类提供的食物和照顾。生长中的蚕宝宝如此"温顺"、懒得动弹，即便是当它们待在饲养盘或架子上无人喂食时，也不会挪动半步。

昆虫学家表示，蚕具有寄主植物专一性，也就是说，它们宁愿饿死，也不愿吃其他植物。它们只吃桑叶，或者勉强吃点其他少数几种桑科植物的树叶，相应地产出的丝质量也较差。如此的专一性并不少见。路易斯·斯库霍芬（Louis Schoonhoven）与其合著者估测，在已知的 400 种植食性昆虫中，大约有 80% 都挑食，它

一只蚕宝宝正在大嚼桑叶，
一只蚕蛾停在它刚钻出的蚕茧上。

们只会从同一个科或亲缘关系相近的几个科中选择数量有限的几种植物作为食物。

　　马萨诸塞州北安普敦史密斯学院的教授玛乔丽·塞尼查尔（Marjorie Senechal）负责一个项目，目标是要发掘北安普敦养蚕业的悠久历史。他曾引述 1842 年《新英格兰丝绸公约》（New England Silk Convention）中的内容："我们下定决心：既然美国和中国本土的森林都生长有桑树，那么这便是上天的旨意，我们的国家将和中国一样，注定成为一个制丝大国。"然而美国养蚕的多次尝试却都以失败告终。或许这份决议的作者因缺乏植物学知识而误解了天意吧。在美国和中国本土的森林里生长的并不是同一种桑树。蚕最爱的食物是白桑（Morus alba），属于欧亚大陆的本土植物，美国原先并没有，后来为养蚕而将白桑引入。美国森林中的本土桑树叫红桑（*Morus rubra*），尽管人们发现红桑的果实酸甜可口，白桑的果实寡淡无味，但对蚕来说红桑树叶却属于次等饲料。

从早期的殖民建设开始，美国就计划建成丝绸工业，这一目标持续了长达 200 多年。塞尼查尔记录道，1607 年，英国国王詹姆斯一世"从自己的私人仓库中拿出蚕卵分发给"弗吉尼亚州詹姆斯敦新殖民地的居民，"并为每家每户发放《制丝方法谈》（*A Treatise of the Art of Making Silk*）"。"除了马里兰州，各地都在养蚕，但仅有个别成功的案例。"美国的养蚕业坚持到了 19 世纪，但由于养蚕是典型的劳动密集型产业，最终还是失败了。我们从塞尼查尔那里了解到，19 世纪 20 年代，养蚕业首先出现在北安普敦，那时"到处都是蚕喀嚓喀嚓啃桑叶的声音，汉普郡、弗兰克林和汉普登的农贸集市还为'国产丝绸'开设了奖项"。1832 年，各地建立作坊，实现了"蚕蛾—蚕—面料"生产作业链。1846 年，桑蚕养殖基本废止，只有著名的科尔蒂切利公司和诺诺塔克公司仍然从国外进口原料继续生产丝线。但到 1936 年，由于美国经济大萧条的到来和人造丝日益流行造成的市场竞争，造丝作坊便统统关门了。

养蚕究竟需要多少人力？亨丽埃塔·艾肯·凯利（Henrietta Aiken Kelly）所在的美国农业部发布公告，为蚕农提供一系列"明白、实用的指导意见"。随着科技的发展，养蚕方法已取得了巨大的进步，不过基本程序与凯利在 1903 年写的养蚕过程大致无异。

凯利说，从细小的蚕苗长到即将结茧的成熟毛虫需要 30 到 40 天，这期间它们的体重会增长 14,000 倍，着实令人咋舌。难怪蚕宝宝的胃口好得惊人。凯利告诉我们，1 盎司* 蚕卵能孵化出约 4 万只幼虫（上下浮动几千只），它们总共能吃掉大约 2300 磅新摘的桑叶，食量远远超过 1 吨。经过悉心照料，这些蚕宝宝能将如此巨量的桑叶转化为约 170 磅的丝原料。

依次经历 5 个虫期（即龄，根据幼虫 4 次蜕皮时间进行划分）时，蚕宝宝的食量随着超快的生长速度与日俱增，增长率呈指数级。对于初次养蚕的新手来说，喂食工作足以让人措手不及，因为必须要随时为它们补充大量桑叶。前两龄期间，蚕宝宝的摄入量只占一生食量的 0.5%；第三龄时，占 2.6%；第四龄占 12%；而在第五龄即最后一龄，则惊人地占到 85%。

凯利观察到，一龄时，刚刚孵化出来的细小蚕苗需要频繁喂食鲜嫩的桑叶碎屑。二龄的蚕仍需喂食桑叶碎屑，直到三龄它们长大了，才能自己吃整片桑叶或者粗略切碎的桑叶。到了四龄和五龄，就可以给它们带有桑叶的小树枝。一龄即将结束时，蚕农用一种精心设计的方法来喂食，以便处理积聚在蚕宝宝身下的树叶残渣和粪团颗粒。"积累了大量废物的蚕床，"凯利写道，"对蚕宝宝来说可能是最大的威胁。空气无法流通时，这些废物会发酵产生气

---

* 1 盎司 =28.35 克。

体，埋下疾病隐患。"当一批蚕宝宝即将蜕变到下一龄——通常会同时发生——蚕农则用网为它们盛放食物。凯利描述了这个步骤的细节：

将夜间最后一餐放在网兜上，展开，罩在蚕宝宝上方。为了吃到新鲜桑叶，到早上时，它们已经透过网孔爬了上去。抬起网兜，从最高一层（架子）开始，将网兜（和蚕宝宝一起）放在干净的托盘上。仔细剔除旧蚕床上黏附的残渣……换蚕床的工作就这样毫不费力地迅速完成了。非常重要的一点是，网兜的张力要足够大，防止蚕宝宝爬上去后都堆挤在网兜中部。

五龄的前 5 天，蚕宝宝生长飞速，它们惊人的胃口难以得到满足。3 天后它们停止进食。凯利写道，之前除了寻找食物它们极少爬动，现在它们"四处乱窜，不时停下来，像盲人探路一样转动着头。这些迹象都表明蚕宝宝正在寻找合适的地点结茧"。这时需要将掰开的细木枝或稻草放在蚕宝宝附近的架子上，它们会爬上去，吐出一股长长的丝来结茧。7 到 10 天后，结茧完成，就可以摘收蚕茧了。把多余的线头剪掉，将茧中的蚕蛹加热杀死。如果没有杀死蚕蛹，由蛹孵化出的蚕蛾会分泌一种酶来分解蚕丝，在蚕茧上消蚀出一个洞钻出来。每只蚕茧的一股丝线展开后长达 1200 到 1600 码，若被蚕蛾穿蚀，丝线上会出现多处破损，人们也就无法得到完

在印度，一位妇女正照料发育成熟的蚕宝宝，给它们喂最后一顿桑叶。

整连续的丝线。

　　蚕长有成对的丝腺，分泌出的一股丝主要由两根细丝组成，其成分是强韧而有弹性的蚕丝蛋白和有黏性的丝胶蛋白。丝胶蛋白将两根细丝黏合在一起，同时使得整股丝形成一个牢固的壳，即蚕茧。这股丝无法轻易展开，除非将蚕茧投入热水中"软化"，溶于水的丝胶蛋白便从不溶于水的蚕丝蛋白上脱离开来。蚕茧被软化之后，"线头"就露了出来，这时候便能将几枚蚕茧的丝展开、绕在一起，拧成一根足够强韧的丝线。

蚕造福于人类，不仅是作为精细织物的来源；它们也是实验室动物，是两项重要科学发现的中心角色。其中一项发现对于药品的推行产生过巨大影响，另一项发现则为我们对昆虫、其他动物甚至人类的行为提供了全新的认知维度。

"临近 19 世纪中期时，"勒内·杜博思（René Dubos）写道，"一种神秘的疾病席卷了法国的养蚕工厂……到 1865 年，法国的养蚕业几近毁灭，西欧其他地区的养蚕业也受到影响，只是程度稍轻。"这些地区笼罩在一片愁云惨雾之中。养蚕和丝绸纺织是法国经济的重要组成部分。法国农业部部长指派一队科学家前去研究这种疾病。杜博思写道，优秀的化学家和微生物学家路易斯·巴斯德（Louis Pasteur）因"极具远见"而被任命为调查组的领队。

巴斯德的确是这份工作的理想人选。经过三年的细致观察和实验，他发现实际上存在两种疾病，且这两种病是由两种不同的微生物引起的。蚕若感染了微粒子病——由一种原生生物（跟阿米巴虫有亲缘关系）引起的疾病，身上就会长出黑色小点。微粒子病的英文名称是 pebrine，这个词源自法语，意思是"胡椒病"。多数感染了这种病的幼虫生长缓慢，维持着非常细小的体型；很多幼虫会死去，存活下来的蚕非常虚弱，通常成年后也是畸形。蚕软化病则由一种细菌引起，这个词同样源自法语，意为软弱无力。发育成熟的蚕一旦染病，尽管看似健康，却变得行动迟缓、毫无活力，会吐食、"腹泻"，很快变得衰弱，随后死去，虫体变黑。有时死去的虫体会从那些原本为它们结茧准备的木枝上软绵绵地耷拉下来。巴斯德弄清这两种疾病的原因后，便很快想出了预防传染和检测染病蚕虫的方法。

这是人们第一次证明细菌和其他单细胞微生物会导致动物（包括人类）生病。几年前，巴斯德预测过人类将发现微生物能引发传染类疾病——这是第一次有关微生物致病理论的声明。他的预测建立在自己对发酵和腐败的研究基础上。人们广泛认为，发酵和腐败的有机质中的大量微生物是自发产生的，是腐败的产物而不是腐败的原因。接着他证明了微生物是不可能自发产生的，因为空气中的微生物无处不在，毫无疑问，它们就是发酵和腐败的罪魁祸首。杜博思说，后来巴斯德论证了"多种其他有机物可能也是由微生物活动产生的"，其中就有引发动植物传染病的物质。巴斯德证明了微生物是蚕生病的起因。这一发现具有分水岭意义，是支撑微生物致病理论的无可争辩的证据，也是生物科学对医学实践产生的最重要的作用之一（或许没有之一）。

当然，一些质疑者按照常识断定，看不见的微生物会引发感染和疾病的论断是无稽之谈。因此，他们在进行截肢手术和其他外科操作时仍旧不洗手，依然系着浸染有前任病人血迹的围裙。然而有位名叫约瑟夫·利斯特（Joseph Lister）的苏格兰外科医生，受到巴斯德理论的启发，开展了具有宣传教育意义的改革运动，最终说服医学界相信微生物致病理论的正确性。这场改革不仅明确了外科手术无菌技术的必要性，还促进了疫苗的研发，推动了对其他疾病传播模式的研究：流感是通过空气传播的；腺鼠疫和黑死病是由跳蚤在老鼠和人之间传播的；疟疾是由蚊子在人之间传播的；莱姆病是由蜱虫在啮齿动物和人之间传播的。

味觉和嗅觉对蚕及某些昆虫来说，如同视觉和听觉对人类一样重要——或许还要重要得多。大多数昆虫寻找配偶以及跟同类交流，是通过一种叫作信息素（pheromone）的化学物质进行的。德国化学家阿道夫·布特南特（Adolf Butenandt）几十年来一直研究蚕蛾成虫，1959 年终于首次分离出一种信息素，并做了化学鉴定。这种信息素由雌蚕蛾发出，是一种可以在空气中传播的性引诱剂。

信息素的故事最初发生在 1874 年。当时的法国自然学者让－亨利·法布尔（Jean-Henri Fabre）不仅因对昆虫的敏锐观察而闻名，也因为他的著书才华而声名远扬。他的一项观察让人大为震惊：一只被关起来的雌孔雀蛾吸引了众多雄孔雀蛾前来，而这些雄性原本离得太远，是不可能看见它的。它是怎么吸引雄性的呢？起初法布尔认为它可能会发送"电波"，但最后他得出结论，雌孔雀蛾发出了一种气味，人类无法嗅出，但雄孔雀蛾可以——这种气味就是我们如今所称的信息素。法布尔得出这个结论后不久，昆虫学家们发现，很多雌性昆虫的性腺提取物对雄性昆虫来说是强效引诱剂，哪怕只是一点点。但这些提取物是多种不同化学物质组成的混合物，无人知晓其中哪一种或几种混合物才是真正的引诱剂。不用说，无论是某种性引诱剂或是其他任何信息素的化学结构在当时都是不得而知的。除非弄清化学结构，否则无法在实验室人工合成信息素或其他化学物质，从而为研究和实际应用进行大批量生产，例如制造吸引害虫的诱饵。

蚕蛾的雌雄成虫都有翅膀，但不会飞行。然而，雌蚕蛾分泌的一种性引诱剂却能使雄性陷入一场性狂乱中。布特南特将这视作研究的突破口，他计划从雌蚕蛾性腺的提取物中分离和测定这种活跃成分的化学结构。他和助手提取了大约 50 万只雌蚕蛾的性腺。从这份大量的提取物中他们分离出某种含量极低的物质，并测定了其结构。这种物质总共只有 0.000042 盎司，只需一丁点儿就能让雄蚕蛾无比兴奋。布特南特将这种信息素称作蚕蛾性诱醇。

布特南特的发现仿佛打开了一道防洪闸。美国科学院的网站记录道，昆虫学家和化学家目前"已经破解了超过 1600 种昆虫使用信息素交流的密码"。现在我们知道信息素有很多不同种类，并非仅限于性引诱剂。比如，蚂蚁在地面涂抹某种信息素，指引通往食物的道路；某些昆虫——尤其是果蝇——在果实中产卵的同时留下信息素，警告其他产卵的雌性不要让其后代与自己的后代争夺食物；蜜蜂可以向空气中释放一种警告性信息素，煽动蜂巢中的其他蜜蜂蜇咬并驱赶熊、人类或其他盗蜜贼。虽然信息素最初是在昆虫身上发现的，大部分关于信息素的研究也都是围绕昆虫展开的，但我们现在知道除了昆虫之外，有些动物，包括螃蟹、鱼类、狗，还有人类，也会利用信息素作为一种化学手段来进行交流。

昆虫的信息素也具有重要的实际应用价值。使用大规模生产的人工合成信息素每年能节省几亿，甚至几十亿美元。首先，信息素可以用来监控害虫的数量。用信息素做诱饵的捕虫器能够告诉农民和果园主害虫何时出现，害虫数量是否多到需要使用杀虫剂，同时保证成本划算。换句话说，害虫导致的经济损失是否多于使用杀虫剂的成本？信息素也可以用来控制害虫。用信息素做诱饵的捕虫器杀死雄性昆虫，使大量雌虫无法受精。在庄稼地或果园里喷洒人造性引诱剂，使雄性害虫难以定位雌性，从而极大地限制了害虫的繁殖。根据美国科学院网站的报道，利用信息素干扰昆虫交配这一做法有助于抑制果园、葡萄园以及西红柿田、水稻田和棉花田的虫害。

理查德·佩格勒说，全球贸易大约 99% 的蚕丝都来自蚕蛾科的家养桑蚕蛾。他还列举了 20 多种其他蛾子和 1 种蝴蝶，它们都不吃桑叶，但也是——或者曾经是——丝线的来源。其中大部分蛾子是来自天蚕蛾科的天蚕蛾，跟蚕蛾科有亲缘关系。（有些天蚕蛾体型巨大。罗宾蛾最大翼展达 6 英寸，是北美最大的蛾之一。还有热带的大柏天蚕蛾，学名 *Attacus*，翼展 10 英寸，是世界第一大蛾。）大多数其他用作丝原料的蛾跟我们熟悉的北美天幕毛虫是同一科（枯叶蛾科）。

这两类蛾利用丝的方式并不同。很多天蚕蛾的毛虫跟桑蚕毛虫一样结丝茧，但通常会将树叶囊括进丝茧中。与之相反，在墨西哥，天幕毛虫的丝具有原始社会性，即"亚社会性"（subsocial），它们数量众多地集居在一起，互相合作，建造共用的居所：一个丝制的"帐篷"。这些居所非常像北美天幕毛虫造的巨大白色丝巢，形状酷似颠倒的金字塔，在乡村公路边野樱桃树苗的枝杈间颇为常见。除了少量种类之外，大部分结茧和织帐篷的蛾都无法在"监囚"的状态下被饲养生长。它们的丝只有在野生状态下才能收集得到。

像是这些蛾类这样的亚社会性毛虫制造的共用丝巢（communal nest），当然不可能被抽剥收卷。一种天幕毛虫的墨西哥亲戚斯氏格枯叶蛾（*Gloveria spivii*）的丝线，从窝巢里抽出后大约 3 英尺多长，但绕成一股后长度通常只有原来的一半左右。墨西哥被西班牙入侵前的数百年，阿兹特克人及瓦哈卡州（Oaxaca）的米斯特克人和萨巴特克人都曾使用过斯氏格枯叶蛾的丝线。佩格勒写道，1502 年到 1519 年，阿兹特克国王蒙特祖马二世遭到西班牙征服者废黜，这种丝线大概正是那个时期的"商品"。一种出现在墨西哥多个地区的罕见蝴蝶（第六章将会详述）是所有野生蝴蝶中唯一能为人所用的吐丝昆虫。成群的蝴蝶毛虫合作建造的丝巢非常密实，古代墨西哥人将其当作纸张使用。佩格勒说，萨波特克地区的人直到 20 世纪 50 年代还在"采集和加工"这种丝巢。

多年前在日本，我的朋友室贺洋子（第一章提到过）告诉我，小包和腰带（日本女士和服上搭配的宽腰带）是用蓑蛾毛虫身上类似茧的丝巢做成的。你可能见过这种丝巢，跟日本的崖柏、蓝粉云杉或其他针叶树的树枝上垂挂下来的那种丝巢很像。这种丝巢长约 2 英寸，上面往往装饰有一些细小的植物残屑。夏季时，丝巢是毛虫的移动庇护所，它们只把头和足伸出袋子，贪婪地进食植物。冬天，雌蓑蛾用一股丝将丝巢挂在树枝上，它们织的丝巢比雄性织的要大一些，因为里面装有成百上千粒卵。日本人将它们收集起来，择掉植物残屑，沿着一边切开，放入水中泡软，压平，待干燥后缝合。

有些巨型蚕蛾，如美国的多音天蚕以及同为柞蚕属（*Antherea*）的亚洲种类，它们的毛虫结的茧同桑蚕的茧非常相似。它们在秋季结茧，用一股连续不断的长丝织成一个空壳，但没有为春天即将钻出的蛾准备"阀门"或"逃生出口"。那么，这些蛾——还有桑蚕蛾——怎么从囚禁自己的茧中挣脱呢？福蒂斯·卡发托斯（Fotis Kafatos）和卡罗尔·威廉姆斯（Carroll Williams）发现，即将破茧而出的蛾会用一种能软化茧的强效酶浸润茧的正端。这种酶能够

"消化"黏合丝股的丝胶。根据保罗·塔斯克斯（Paul Tuskes）与其合著者的解释，蛾的两只翅膀"肩部"各有一个角状突起结构，蛾利用此结构割破丝线，在茧壁上挖出一个大口子。为了不让蛾的"逃生出口"破坏茧，则需要杀死里面的蛹；如果先将茧浸在热水中使丝胶溶化，那这个茧就能像桑茧一样，抽出一股连续完整的长线。

其他巨型蚕蛾，如眉纹天蚕蛾（*Samia cynthia*，又称樗蚕）、亚洲的蓖麻蚕（*S. ricini*）和北美的罗宾蛾，它们的毛虫结出的茧更为复杂：双层茧壁；茧的一端有"阀门"，可以让蛾爬出。例如，我和同事发现罗宾蛾会先建造一层紧实坚韧的外壁（其重量大约是整个茧的53%），将茧的长边贴附在或大或小的树枝上，偶尔也会附在其他物体的表面。接着它们织一层坚固的内壁（约占总重量的42%），外壁和内壁之间以一层轻柔稀疏的丝线相连（这些丝线约占总重量的5%）。内外壁都有一个由丝线织成的紧急阀门，呈朝外的圆锥形。蛾将阀门推开就能钻出茧。而且这个逃生阀门如同一个反置的捕龙虾器，能抵挡外部入侵者的强行闯入。樗蚕和普罗米修斯蛾的茧（我们之后会见到）很相似，只由一根丝线从树枝上挂下来。有逃生阀门的茧无法抽出成卷的丝线，但可以从里面抽出一簇簇短丝，像棉花那样纺成线。

"也许所有野生蚕蛾中最美丽的，"佩格勒写道，"当属樗蚕……这是中国的本土品种，几个世纪以来它的茧被中国人用来制造布料——有时被叫作法加拉绸。这种做法延续至今，还有小规模的生产。"樗蚕毛虫可以勉强吃下多种木本植物的叶子，但唯有臭椿（*Ailanthus altissima*）的树叶能让它们存活下来。

据爱德华·诺兰（Edward Nolan）记载，由于法国对樗蚕造丝潜力的大力宣传，美国于 1861 年首次引进了樗蚕。樗蚕的毛虫被散放到费城的臭椿树上。这种蚕蛾很快遍布费城，在人工培育及野生的臭椿树上蓬勃生长。樗蚕被造丝行业的企业家引向其他城市，却没有在商业上获得成功。到 19 世纪后期，在美国东北部很多城市已经出现了相当多的野生樗蚕。

根据阿瑟·埃默森（Arthur Emerson）和克拉伦斯·威德（Clarence Weed）的记录，1820 年，当来自亚洲的臭椿被种植在纽约长岛的土地上时，美国就已为野生樗蚕的到来做好了准备。如今臭椿在美国很多地方都有种植。"臭椿几乎只能在城市中见到，"肯尼思·弗兰克（Kenneth Frank）写道，"而实际上这种树无论在城市还是郊区都能枝繁叶茂地生长，甚至偶尔在农村也能长得很好。"在城市中，臭椿能在其他植物无法生长的地方开枝散叶，即弗兰克所谓的"毫无生气的工业区"。他写道："臭椿在费城的分布很具城市植物的典型性。它们遍布全市，扎根于窨井，从人行道的地漏井盖中探出头来。停车场边缘和旧楼房墙壁的缝隙里，也有臭椿苗在其中生根发芽。"

我只见过一次野生樗蚕，是在康涅狄格州的布里奇波特。1942

年冬天，我散步时经过夹在一排破旧楼房和铁路路堤之间的昏暗小巷，瞥见巷子里有个奇怪的东西。我走近细看，发现一簇浅米色——近乎白色——的茧悬挂在一棵臭椿光秃秃的树枝上，丝柄（pedicel）纤细而柔韧，有 2 英尺那么长。我把这些茧带回家，第二年春天从里面钻出了蛾，翼展有 4 英寸长。弗兰克·卢茨的《昆虫野外手册》告诉我，它们是樗蚕。无论是卢茨的书，还是这些年来我翻阅的其他资料，都没有提到那 2 英尺长的神奇丝柄。但就在几周前，我在亨利·麦库克（Henry McCook）1886 年出版的《老农场佃户》（*Tenants of an Old Farm*）中看到一幅画，图中的樗蚕也有那样长的丝柄。

为什么丝柄会如此之长呢？我和吉姆·斯滕伯格在观察另一种大蚕蛾的过程中发现了答案。我们注意到，冬天普罗米修斯蛾的茧挂在野樱桃树或檫树的细枝上悬荡，用于连接的丝柄很有韧性，但不足 1 英尺长。普罗米修斯蛾毛虫在将自己裹进树叶结茧之前，会先将 1 英寸长的叶柄用丝缠住，绑在木质化的细枝上，从枝上弹跃出去后，再将自己包裹在树叶里。茧及其中的蛹以这种方式得到保护，使其在秋天不至于同树叶一起掉落到地上，成为饥肠辘辘的老鼠果腹的美餐。如此构造也能躲避鸟类的啄食，因为当鸟啄茧时，茧会晃动。

樗蚕也采用同样的策略，在冬天保护茧中无助的蛹。由于臭椿和普罗米修斯蛾的常见宿主植物的树叶不同，樗蚕的任务更为艰难。樱桃树和檫树的叶子是单叶，每片叶子只有一片叶片和一截将叶片连接在木质树枝上的叶柄。而臭椿的叶子是复叶，其叶柄可达3英尺长，上面长有两排相对的小叶。秋季，臭椿的所有复叶都会脱落。在结茧前，樗蚕将自己包裹进其中一片小叶里，而不是像普罗米修斯蛾那样用一片单叶裹住自己。樗蚕毛虫为了不让茧在秋天时掉落到地面上，必须将整个叶柄都用丝包裹在茧上，并将叶柄和相连的树枝也缠在一起。但故事不只如此。在美国，如今樗蚕一年只产一代，而起初它们是一年产两代的。第一代樗蚕毛虫非常节俭，不会像它们的后代那样织一根能支撑到整个冬天结束的丝柄。它们织的丝柄跟普罗米修斯蛾的丝柄一样短，长度刚够将小叶和叶柄连起来，保证夏末樗蚕成虫钻出来之前叶子不会从树上脱落。显然，卢茨的书中描述的是夏季的"短丝柄樗蚕"，而如今美国已不再存在这样的樗蚕了。

如同棉花、羊毛和其他材料制成的布料一样，丝被绕成线、制成布后还需要染色。直到19世纪后期合成染料产生之前，人们只能使用从植物、昆虫甚至蜗牛身上获取的天然染料。不过最上乘和最受推崇的红色染料是从吃仙人掌的小虫身上获得的。它们正是下一章的主角：吸食植物汁液的胭脂虫。

第三章

色若胭脂

1519 年，埃尔南·科尔特斯（Hernán Cortés）率领西班牙的入侵者来到阿兹特克帝国的首都特诺奇提特兰城（如今的墨西哥城）。他们想要偷走印第安人的黄金。蒙特祖马带着皇亲贵胄亲自出城迎接西班牙人，身披出席仪式专用的鲜红色披风。当时，这帮西班牙入侵者并不知晓此种美丽的红色染料取自胭脂虫（英文名源自古西班牙语 cochinilla，意为一种木虱），也没预见到它将在三个多世纪的时间里风靡世界，成为最珍贵的红色染料。据来源不可考的故事说，西班牙人第一眼见到胭脂虫时并未认出这是那种红色染料的来源。他们查抄被奴役的人民向蒙特祖马敬献的贡品时，发现其中不仅有他们梦寐以求的金银，还有一个个小袋子，里面装着风干的小昆虫，那就是胭脂虫。起初他们以为这些昆虫是自己所熟悉的虱子，根本不值得珍惜。弗兰克·考恩曾引用托尔克马达（Torquemada，并非那位臭名昭著的西班牙宗教法庭的多米尼克派牧师）关于那些贡品的描述：

西班牙人在当地居住期间……有一天阿朗佐·德·奥杰达（Alonzo de Ojeda）看到……很多扎口的小袋子。他打开其中一个，震惊地发现里面竟然装满了虱子！奥杰达对自己的发现惊异不已，立即将方才所见汇报给科尔特斯……他说墨西哥人向君主敬献贡品的责任感非常强，最穷困的臣民若没有更好的东西献给国王，就会每天清理自己的身体，捉住虱子保管好，待收集了足够多时，便用袋子装好放在君王的脚边。

　　唐纳德·布兰德（Donald Brand）写道："在墨西哥被西班牙人征服前，胭脂虫非常重要，因为《贡品卷》（*Matrícula de Tributos*）和《曼多撒手抄本》（*Codex Menducino*）曾将胭脂虫（nocheztli）蛋糕或三明治列为贡品。在瓦哈卡、普韦布洛和格雷罗，有30个部落曾进贡过很多麻袋或布袋装的胭脂虫。"西班牙征服者和紧随其后的其他西班牙人，在墨西哥的集市上起劲地对各种布料的色彩品头论足："纺织好的现成棉布颜色应有尽有，使这里看上去很像格拉纳达的丝织品市场。"西班牙人被阿兹特克人惊艳的红色染料深深震撼，他们很快弄清了胭脂虫的本质和价值，发现它无论在色泽的浓厚还是美艳程度上都超过了当时已有的其他红色染料。1523年，第一批胭脂虫被运往西班牙，随后包括科尔特斯在内的新世界王室得到命令，要求他们告知所产染料的数量和未来的前景。干制胭脂虫在单位重量上的价值仅次于贵金属。16世纪早期到19世纪后期的300多年间，胭脂虫一直都是最受人们喜爱和最珍贵的红色染料。数百年以来，胭脂虫产生的价值远远超过了西班牙人从新世界原住民那里偷来的所有金银。得知这一点，我丝毫不感到惊讶。

红色对人类和其他动物有着强烈的影响，很容易吸引我们的注意。在自然界，会叮蜇其他动物或有毒的昆虫通常用醒目的色彩向鸟类警告自己有毒性，它们常使用红色或红黑组合，比如瓢虫的颜色。沿街的红色停车标志和交通灯向我们做出危险的警示。海上风暴警示旗是一条红色的横幅，中心有一个黑色方形图案。其他情况下，红色也可能是诱人的。很多植物结出红色的果实吸引鸟类吞下，随后鸟儿飞去别处排出坚硬而难以消化的种子，从而将种子传播出去，植物种群也得以扩散到数英里之远。至于人类对红色的理解，R. A. 唐金（R. A. Donkin）在他关于胭脂虫的综合性论著中写道："无论何处，红色都有着非同一般的意义，红色代表着火、太阳和血液（因而也指生命本身）的颜色，象征着大度、刚毅、庄严和力量。"

　　事实上，正如约翰·亨利·科姆斯托克告诉我们的那样，胭脂虫（*Dactylopius coccus*，粉蚧科）是蚧总科下一种吸食植物汁液的介壳虫，但胭脂虫跟它的很多亲戚不同，身体外部并没有一层硬壳武装，不过雌胭脂虫会分泌白色蜡丝覆盖在卵块上。我们之后会介绍的棉珠蚧，也没有硬壳的保护。雌胭脂虫成虫为亮红色，没有翅膀，作为一只介壳虫，它的体型相当大，有四分之一英寸长，足虚弱无力，只能勉强满足爬行的需要。雌虫释放出一种气味，那是一

仙人掌上的胭脂虫身上覆满白色蜡丝；左边是刚孵化的若虫，右边是已经长好翅膀的雄胭脂虫。

种可以吸引远处长翅雄虫前来的性引诱素。（胭脂虫跟其他介壳虫一样，只有雄性成虫才能长出翅膀。）交配后，雌虫产出一大堆卵，它将白色蜡丝盖在卵上，之后就会死去。新孵化出的若虫被称为"爬虫"，它们的足很强壮，活动能力强；只有处在生命之初的这个阶段，雌虫才有可能四处活动，但也仅限于很短的距离。胭脂虫跟蚕一样，具有寄主植物专一性，它们是难以取悦的食客，只居住在某些特定的仙人掌（*Opuntia*）上并吸食它们的汁液。

　　野生胭脂虫虽种类繁多，但还是商业用途的家养品种产出的染料质量比较好。正如查尔斯·霍格告诉我们的那样，饲养和收获这种昆虫的技术，已被墨西哥中部的阿兹特克人掌握多年，发展得非常成熟。西班牙人对胭脂虫的供应垄断约有 250 年，直到 18 世纪后期才结束。其间，胭脂虫只在新世界有生产，主要集中于墨西哥和危地马拉。西班牙人不仅守住了胭脂虫原料的"国家机密"，而且对它是植物产物的误导性传言也毫无更正之举。事实上正是西班牙人编造了这样的谎言。相传 1602 年，魁北克城的创建者，法国探险家塞缪尔·德·尚普兰（Samuel de Champlain），对胭脂虫的来源首次做出了描述。尚普兰的记述完全基于自己的想象。唐金引述道，在尚普兰绘制的图片和文字描述中，胭脂虫来自一种枝叶繁茂的植物，"果实如胡桃一般大，其中富含种子。人们让它自然成熟，直到种子干掉，然后像收玉米一样将它摘下，拍打果实来获取种子。种子还会用来播种，以取得更多收获"。

野生胭脂虫在中美洲和南美洲的野外自由生长，而驯养的商业品种若没有人类的悉心照料恐怕难以存活。养殖胭脂虫的第一步，是要建立一个仙人掌种植园，但在数量众多的仙人掌种类中，人们只能挑选胭脂虫专一寄生的那一种来种植。这些植物需要精心照料，必须施肥、除草，防止其他吃仙人掌的昆虫啃食；也不能让它们超过 4 英尺高，因为这个高度更方便工人管理和采收胭脂虫。

起初这些种植园都是小型的"印第安农场"，但 18 世纪后出现了大型种植园，其中的仙人掌超过 6 万株。T. L. 菲普森（T. L.
Phipson）描述了小型农场养殖胭脂虫的方法：

　　穷苦的印第安人……在离自己的村庄两三里格* 远的空地、高
山或深谷的斜坡上建起胭脂掌（一种仙人掌）种植园。植株得到妥
善清理的情况下，可以为胭脂虫提供三年的供养。春天，种植园园
主采购一些（仙人掌）分枝，上面爬满了刚孵化的小胭脂虫，称作
种苗（semilla）。每 100 个分枝售价约 3 法郎。这些仙人掌枝先要
在木屋内放置 20 天，再放在室外的棚下。由于仙人掌枝肥厚多汁，
植株可以存活几个月。八九月时，孕育了新生命的雌胭脂虫被收集
起来在仙人掌上产卵。约 4 个月后，第一批胭脂虫就可以采收了，
每只雌胭脂虫生产 12 只后代。这批之后，整个一年中还会有两次
利润丰厚的收获。

　　唐金记述了另一种养殖胭脂虫的方法，技术上更为先进，但
需要更多辛劳和严格而精细的手工作业。第一步是给植株"接种"，
即让胭脂虫"感染"仙人掌。具体做法是在用铁兰或其他植物纤维
做成的"保护巢"中放 10 到 25 只已经受精的雌胭脂虫，有时也可
以用布袋。后来加那利群岛和地中海西海岸的胭脂虫养殖者采用了
这种方法。巢被安置到植株上，雌胭脂虫产下卵后，刚刚孵化的微

---

* 里格，长度单位，1 里格约为 3 英里，即 4.83 千米。

小的胭脂虫爬出巢，散布到植株邻近的枝干上，将口器扎进植物组织中。它们纹丝不动地吸食汁液，直到发育成熟。

制作染料只需要受精的雌胭脂虫。在雌胭脂虫产卵之前，工人们用羽毛、尖头的小树枝或一把小刷子，一个一个将它们小心地从植株上挑走；不过，在植株上仍要保留足够数量的雌性，从而为下一次采收做好准备。之后收获的胭脂虫要被杀死并放在太阳下晒干，这样才能得到最上乘的染料。如果将它们放到加热室或炉箱中烘干，得到的染料则质量稍差，但花费的时间要少——只要数小时即可，而太阳下晒干则需要一周以上的时间。人们将干制的胭脂虫用船运往欧洲市场，偶尔也会在当地将其制成染料。

在墨西哥被西班牙殖民之前，阿兹特克人每年向他们征服的地区索要的贡品包括 9000 多磅干制胭脂虫。然而，旧世界对胭脂虫的需求远不止这些。在西班牙对胭脂虫长达 250 年的垄断过程中，由墨西哥和危地马拉养殖的大量干制胭脂虫被运往西班牙及其殖民地菲律宾。大量胭脂虫从那里被销往其他国家。18 世纪时，胭脂虫的销量激增：1736 年为 87.5 万磅，1760 到 1772 年间每年为 47.5 万磅到 80 万磅。加里·罗斯写道，1776 年在美国路易斯安那州海岸沉没的西班牙船队的三艘船上载有差不多 60 万磅胭脂虫。制成 1 磅干制品大约需要 7 万只胭脂虫。也就是说，当时西班牙船队的三艘船约载有 420 亿只胭脂虫。想想看，养殖那么多小生命得耗费多少人力！难怪无论是过去还是现在，胭脂虫的价格都居高不下。

1777 年，一位博物学家偷偷潜入墨西哥，他徒步行至瓦哈卡，神奇地偷运走了一些仙人掌分枝，以及上面的胭脂虫。西班牙的胭脂虫垄断就此结束。菲普森在书中记述了这一重要事件："法国博物学家蒂里·德·梅农维尔（Thieri de Menonville）为观察和研究墨西哥胭脂虫的培育，投身于极大的危险中，他想要通过这种方法使圣多明戈的殖民地富裕起来。他将胭脂虫的两个品种（野生种和家养种）带往那里……还有它们赖以生存的胭脂掌。"

秘密一经流出，胭脂虫的养殖便广泛展开，先传到西半球国家，如尼加拉瓜、哥伦比亚、厄瓜多尔、秘鲁和巴西，后传到旧世界的一些国家，如阿尔及利亚、印度、葡萄牙和非洲西北海域的加那利群岛。菲普森提到，在 19 世纪早期，在加那利群岛之一的特内里费岛上，人们开启了胭脂虫养殖业：

300 年来特内里费岛一直都以生产葡萄酒闻名。当一位绅士从洪都拉斯引进仙人掌和胭脂虫时，他被看作古怪的人，他的种植园在夜间频频遭人破坏。然而，葡萄病害暴发后，……（特内里费岛）逐渐被购买葡萄酒的船只遗忘，因为这里再也无法提供葡萄酒。饥饿难忍的居民们转向胭脂虫的养殖：岛上任何能看到的仙人掌上都立即被钉上一只装有胭脂虫的小袋子。这次试验大获成功。1英亩[*] 种有仙人掌的干旱土地能产出 300 磅胭脂虫，适宜条件下能产 500 磅，为养殖者创收 75 美元。这样的高利润投资是前所未有的。

在当时所有的红色染料中，胭脂虫仍是品质最好和色泽最为漂亮的。为满足人们日益增长的需求，胭脂虫产业迅速发展起来。1858 年，危地马拉作为当时全球胭脂虫产业的领先者，出口量高达约 200 万磅。但到 1861 年，胭脂虫生产的中心转移到了旧世界。同年，仅加那利群岛的出口量就超过了 210 万磅。

18 世纪后期，人们将仙人掌和胭脂虫引入澳大利亚，希望在那里创建胭脂虫产业。这个希望从未实现过，但仙人掌从此留了下来。仙人掌作为一种花园植物在当地被广泛种植，不过它们很快脱离了人类培植的掌控，欣欣向荣，遍地生长。到 1900 年，仙人掌已经入侵近 16,000 平方英里^{**} 的牧草地，大约是美国新泽西州面积的两倍。到 1925 年，仙人掌占领了约 12 倍新泽西州的面积，并仍在蔓延。这些土地变得毫无用处，其中一半的土地遍布这种多刺植物长成的密密匝匝的灌丛，以至于人类、牛羊和袋鼠都无法通过。在它们的

<small>* 1 英亩 =0.0040 平方公里。</small>

<small>** 1 英里 =1.61 公里，1 平方英里 =2.59 平方公里。</small>

自然生长之地——仅在西半球——仙人掌从未如此猖獗。因此，如保罗·德巴赫（Paul DeBach）解释的那样，澳大利亚的昆虫学家推断仙人掌如此泛滥的原因在于，西半球吸食仙人掌汁液的昆虫并没有出现在澳大利亚。于是，这类昆虫从新世界各个地区被引入澳大利亚。至今最有效的是一种南美蛾子的幼虫，这种蛾子的名字非常好记——仙人掌螟蛾（*Cactoblastis cactorum*）。到 1937 年，澳大利亚最后一片茂密的仙人掌丛被这些昆虫击垮。如今，澳大利亚的仙人掌仍然处于仙人掌螟蛾的有效控制当中，只剩下零星的分布，袋鼠和牛羊终于得以在一度荒废的土地上享受牧草。

　　加里·罗斯报告说，近至 1986 年，瓦哈卡州一个叫作特奥蒂特兰德谷的小村庄里出现了一位颇负盛名的染纺大师，名为艾萨克·瓦斯克斯（Isaac Vásquez），是萨波特克印第安人。他用古老的工艺制作胭脂虫染料，就像他的祖先在西班牙人到达墨西哥之前所做的那样。制作染料时，瓦斯克斯先将一种绢木（当地人称之为 tejute）的干树叶揉碎，放进煮着沸水的大锅里。这种叶子的作用类似于颜色增强剂和媒染剂。罗斯指出，这很有可能是因为它们包含一种已知的媒染剂成分——草酸，很多近缘树种也含有草酸。（媒染剂能与染料反应，形成一种不溶于水的化合物，从而将颜色固着在布料上。）与此同时，瓦斯克斯的妻子玛丽亚（María）在磨石（metate）上将干制的胭脂虫磨成粉末。下一步要将磨好的胭脂虫粉和约 80 颗酸橙榨成的汁一起倒进大锅里。"萨波特克人使用酸橙制造染料的方法始于 16 世纪，这对于做出鲜亮的红色是至关重要的。"罗斯记述道。瓦斯克斯试图找出在西班牙人将酸橙引进新世界之前，他的祖先用的是何种酸性物质，但毫无头绪。他说："秘密遗留在我们已经失去的世界中。"工序的最后一步是将玛丽亚亲手纺好并在冷水中浸泡过的一绞绞羊毛放进沸腾的锅中，充分搅拌。

"我立刻明白了艾萨克·瓦斯克斯在他这个行业里赢得国际大师声誉的原因"，罗斯写道。浸染后的羊毛颜色取决于多个因素：羊毛的原始颜色，有可能从白色到近乎黑色不等；羊毛在染料中浸润的时间；使用的胭脂虫粉量；还有加入到染锅中酸橙的数量和类型（干的或新鲜的）。通过操控这种种因素，瓦斯克斯得以制造出红色系中无数的色型。"尽管染色的精确条件从未被记录下来，但艾萨克多年的经验和慧眼使他具备了对这些天然染料敏锐的把控能力。"

瓦斯克斯充分利用了自己所染的羊毛。他是一位技艺精湛的织工，他用各种天然染料着色的羊毛织成的挂毯世界闻名，供不应求。一张大挂毯大约需要他花一年时间才能完成。瓦斯克斯骄傲地解释说，胭脂虫染料跟人造染料不同，它们是永久的，因为它们能抵抗光线和浣洗而不褪色。为证明自己的观点，他向罗斯展示了一条有 300 年历史的红色羊毛裙，几乎像刚刚染完色的羊毛一样光鲜亮丽。"而且这条裙子可是经历过无数次强力洗涤剂的清洗，以及在岩石上的洗刷和捶打，还有热带阳光的强烈暴晒啊。"罗斯写道。

根据迈克尔·科兹塔拉伯（Michael Kosztarab）的记述，在西班牙人从新世界的印第安人那里学会胭脂虫技术之前，旧世界曾有三种昆虫是红色染料的重要来源。其中使用最为广泛的是一种介壳虫——红蚧（*Coccus ilicis*），它们生长在地中海东海岸和中东地区西部的一种常绿栎树上。菲普森对红蚧的英文名 kermes 做出过一番有趣的词源学评论：

红蚧自古就用于为布料赋予猩红色。腓尼基人称之为 Tola，希腊人称之为 Kokkos，阿拉伯人和波斯人称之为 Kermes 或 Alkermes（Al 代表 the，如阿拉伯单词 alkali，alchymy，algebra，等等）。中世纪时它有了一个别称 Vermiculatum，意思是"小蠕虫"，因为当时人们认为这种虫子是蠕虫生的。红蚧的各种名称还包括拉丁名 coccincus，法语为 cramoisi 和 vermeil，英语为 crimson 和 vermillion。

（当我第一次与我未来妻子的家人见面时，他们对我的职业规划很不解，问我作为一名"词源学家"是如何维持生计的。）

　　所谓的波兰胭脂虫，也被称为"波兰红谷子"，是一种不寻常的介壳虫，因为它们长在寄主植物的根上，以吸食汁液为生。波兰语中这种树叫作 Knawel，和原拉拉藤、美耳草同属于茜草科植物。采收这种介壳虫的工作非常繁重，因为先要将植物连根拔起，之后重新种植。根据菲普森的记录，1864 年波兰胭脂虫已经被墨西哥介壳虫大量取代；"尽管波兰胭脂虫仍在被土耳其人和美国人用来染羊毛、丝绸和头发，但更主要是被土耳其妇女用来染指甲。除了波兰农民，欧洲已很少使用波兰胭脂虫了。"

　　另一种介壳虫，紫胶蚧，几个世纪以来因作为虫漆原料和封蜡成分（下一章将会提到）而闻名于世。紫胶蚧的分泌物也能制成红色染料，用于丝绸时尤为出色，这也是古代中国人对紫胶蚧很感兴趣的原因。紫胶蚧成群地居住在印度和附近国家各种树木的细枝上。雌紫胶蚧在细枝周围分泌一层黏稠的硬树脂——即紫胶——来保护群落。如今这种染料已经很少被人使用，虫漆也大量被人造产品取代。

　　阿勒颇虫瘿由一种体型很小的胡蜂造成，常见于欧洲东部和亚洲西部的栎树上。当这种虫瘿和铁盐混合时，会形成一种浓厚的黑色染料。这种虫瘿尚未成熟，昆虫还未来得及从中逃走，正如玛

---

　　* 词源学家的英文是 etymologist，昆虫学家是 entomologist。

格丽特·费根（Margaret Fagan）所言："它们极有价值，是黑色染料的原料。"她写道：

在染色艺术的历史上，从出现关于这种艺术的最早文字记载至今，阿勒颇虫瘿都是非常重要的材料。据泰奥弗拉斯托斯（Theophrastus）记载，希腊人曾利用虫瘿为羊毛和羊毛制品染色；老普林尼提到人们会用虫瘿来染发，虫瘿最适合用于皮革的制备和染色。由于古人无法想象会有学者对这种技术产生积极的兴趣，因此关于这种虫瘿的使用并无具体记录，只是稍有提及；直到18世纪末才有了关于虫瘿的科学解释。

阿勒颇虫瘿，又称土耳其虫瘿，其价值在于它含有罕见的高浓度鞣酸，约为65%。鞣酸是黑色染料的基底，你将会在第六章读到，鞣酸也是用于书写的上等墨水的成分。

随着1856年第一种人造染料的发明，市面上迅速出现了多种其他人造染料，于是胭脂虫和其他天然染料的国际市场很快分崩瓦解。到1875年，胭脂虫种植园纷纷遭到弃置，曾经繁盛一时的胭脂虫生产区陷入贫困颓丧之中。切斯特·琼斯（Chester Jones）告诉我们，到1883年，危地马拉的胭脂虫出口量已从1858年的100

万磅下降到 1.8 万磅，而到 1884 年降至区区 812 磅。到 1887 年，胭脂虫价格降至历史最高价的十分之一，勉强能抵消生产成本，受创惨重。

尽管如此，胭脂虫的生产还在继续，只是规模相比之前小了很多。直到今天，秘鲁和加那利群岛仍然存在胭脂虫产业。据拉蒙德天然染料公司的共同创始人之一加布丽埃尔·劳罗（Gabriel Lauro）说，胭脂虫作为业内所谓洋红的原料，现在主要用来给食物、饮料和药物着色，不过这种染料价格不菲而且供应不足。劳罗解释说，1990 年《联邦食品、药品和化妆品法案》进行了修订，要求以标签形式列出食物的营养成分，包括为改善产品外观所添加的着色剂，于是生产商更愿意使用像胭脂虫这样的天然染料。一些人工染料被发现具有致癌成分以后，消费者对于添加到食品中的人工染料变得疑虑重重——有时也理应如此。劳罗告诉我们，"犹太掌权者认定胭脂虫是不洁的"。这跟《圣经》中禁止吃除蚱蜢一类会跳的昆虫（如蟋蟀等）外的其他昆虫与爬虫的禁令如出一辙。（《利未记》11：20-33。）

除了作为染料的原料，昆虫在染布的过程中还发挥着其他重要作用。古时的染布过程中，人们使用蜜蜂分泌的蜡来制作图案，这种方法叫作蜡染。通常人们先用一支蜂蜡制成的蜡笔在布匹上画出图样，然后将布匹浸到染料中，从而使图案与布匹的原始颜色形成对比。油质的蜂蜡不溶于染料，于是染料只能渗入未被蜡质覆盖的区域。最后再用热水洗去蜡质，图案就在布匹上形成了。

＊

　　昆虫不仅给人类提供了蔽体的丝绸原料和给丝绸着色的染料，从古至今昆虫也被人们做成各种不同类型的饰物。我们将会了解到，虫茧、虫瘿、昆虫翅膀、整只昆虫尸体甚至昆虫活体，都曾经并且仍然作为饰品装点着人类的身体，而它们的模样亦被人类作为珠宝首饰的原型。

第四章

穿金戴虫

想象一下那时我有多惊讶：多年前在从墨西哥回家的飞机上，我看见身旁坐着一位衣着考究的中年女士，她戴着一条细细的银链，上面拴着一只活甲虫，正无精打采地在她的外套上爬动。在我看来，这只甲虫就像那有名的埃及圣甲虫（你将在第五章看到它）的大块头亲戚。F. 汤姆·特平在《昆虫鉴赏》（*Insect Appreciation*）中指出，将活体昆虫作为珠宝使用并不是什么罕见之事。成虫阶段不再进食的那种个儿大、结实的甲虫"常常被人从墨西哥采集回来，人们把莱茵石和纤细的链子牢牢粘在其鞘翅上，做成……活体昆虫胸针"。购买活体珠宝的游客却很少得以回家炫耀一番，因为联邦法规禁止未经许可将活体昆虫带入美国——即便是专业的昆虫学家为了研究用途也很难获得这方面的许可。结果是，此类活体胸针在边境检查站就会被查没。正如《圣经》所言："日光下并无新事。"保罗·贝克曼（Paul Beckmann）说，在一百多年前的英格兰，维多利亚时代的妇女们早已佩戴过用细金链系在服饰上的五光十色、熠熠生辉的"珠宝甲虫"了。

我仅了解另外两种昆虫作为活体珠宝的方式。威廉·科比（William Kirby）和威廉·斯潘塞（William Spence）在 1815 年首次出版的《昆虫学入门》（*Introduction to Entomology*）中，描述了萤火虫在装饰方面的用途："穆尔少校（Major Moore）和格林上尉（Captain Green）告诉我，在印度，妇女们……想方设法获得萤火虫，将它们装入纱网中，作为夜间散步时别在头发上的饰物。"我在脑海中可以想象那样的画面：美丽的妇人披着绣有金色丝线的红色沙丽，优雅而娇媚，走在绿树成排的林荫路上，她们黑色的秀发中星星点点地闪烁着萤火虫的亮光。

弗兰克·考恩在1865年出版的《昆虫史上的奇闻趣事》（*Curious Facts in the History of Insects*）中指出，在加勒比海诸岛上："萤火虫（cucuju）被妇女们当成一种非常时髦的装饰物来佩戴。一件舞裙有时装饰有多达50到100只萤火虫。斯图尔特上尉（Captain Stuart）告诉我，有一回他在一位女士的白色衣领上看到一只这样的昆虫，稍远之下观看时，其光辉和美丽程度堪比科伊诺尔钻石。萤火虫被别针刺穿身体固定在裙子上，且只在它们活着的时候才能被佩戴，因为若是死了，萤火虫就不再发出光芒。"我希望这种残忍的做法已经不复存在。

当然，在珠宝设计中，昆虫的外观一直被当作素材并使用至今。贝克曼的书中有着丰富而生动的昆虫彩图，其中就有下一章将要叙述的圣甲虫："19世纪和20世纪的主要珠宝设计者用金子和宝石——或珐琅和玻璃——制成昆虫形状的装饰品。路易斯·C.蒂凡尼曾用五彩玻璃制作圣甲虫，卡地亚的很多珠宝也包含古埃及圣甲虫的设计元素。即使在现代人的想象中，圣甲虫仍散发着令人无法抗拒的魅力，圣甲虫珠宝被认为能给佩戴者带来幸运。"

R. W. 威尔金森（R. W. Wilkinson）指出，在维多利亚时代，昆虫造型的胸针是颇为流行的一类女士珠宝。他写道，1969年，

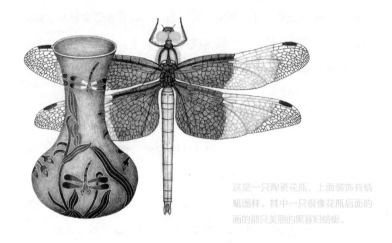

这是一只陶瓷花瓶，上面装饰有蜻蜓图样。其中一只很像花瓶后面的画的那只美丽的黑寡妇蜻蜓。

帕克贝尼特画廊拍卖了一大批维多利亚时代的珠宝收藏品，其中就包括几件昆虫珠宝。有一些是"颤动胸针"，即昆虫翅膀附着在隐蔽的弹簧圈上，能够随着佩戴者的肢体动作而轻轻颤动。18 件昆虫珠宝中，有 12 件是蝴蝶，2 件甲虫，2 件蜻蜓，1 件蜜蜂，还有 1 件是昆虫的亲戚——蜘蛛。维多利亚时代昆虫珠宝的盛行很可能反映了那段时期公众对昆虫和其他"自然产品"的浓厚兴趣。那是一个激动人心的时代，每年都有大批人发现来自遥远的热带丛林、沙漠和大草原的未知植物、昆虫和其他生物。查尔斯·达尔文（Charles Darwin）的书，以及其他像阿尔弗雷德·拉塞尔·华莱士（Alfred Russel Wallace）（进化论的共同提出者）和亨利·W. 贝茨（Henry W. Bates）这样的博物学家和探险家所写的书，都是当时的畅销作品。那个时期，美国民众蜂拥奔向当时流行的文化集会和其他场所，去聆听博物学家和地质学家的演讲，演讲者包括全国闻名的琼·路易斯·阿加西斯（Jean Louis Agassiz），他出生于瑞士，是哈佛大学的教授，也是第一位提出理论称地球上曾有过冰河时期、欧洲大部分地区曾被冰川覆盖的学者。

一位珠宝商友人告诉我，珠宝界的时尚不过是"风水轮流转"罢了。昆虫珠宝也会风靡一时，之后逐渐不再流行，最终又重获欢迎。翻翻高档商品目录，特平得出这样的印象，即昆虫珠宝——尤其是蝴蝶类珠宝——已再次变得流行起来。出于自己惯有的那种强迫心理，我觉得非常有必要去数一数最新两期美国史密森尼商店的商品目录中到底有多少动物——尤其是昆虫——被用作了珠宝和其他饰品的设计原型。各种各样的动物共出现了 218 次：61 只鸟，67 头毛茸茸的猛犸象，36 只不那么方便搂抱的其他四条腿动物；六条腿的动物——即昆虫——总共有 53 只优秀代表，包括 38 只蝴蝶、11 只蜻蜓、3 只瓢虫和 1 只蜜蜂；此外还有 1 只蜘蛛。我见过不少女性佩戴精美雅致的昆虫珠宝，其中很多是蝴蝶，而蜻蜓也颇受欢迎，这有点令人意外。我最要好的朋友常佩戴一枚银制的蜻蜓别针，翅膀饰有金银丝，眼睛是用绿松石珠子做的。另一位友人的蜻蜓别针是由一位纳瓦霍族（Navajo）工匠用银子精心打造，蜻蜓眼睛也是用绿松石珠子做的，而那精致的翅膀则是由猛犸象的象牙雕刻出来的。

如果你去哥伦比亚的波哥大，千万别错过美妙的黄金博物馆。其中一间大展厅里陈列着数百件闪闪发光的珠宝，还有前哥伦比亚时期的手工匠人用金子制作的其他精致物件，美得令人窒息。这些作品都是从哥伦比亚的一处湖底打捞后复原的，曾在纪念仪式上被"献祭"给一位至高无上的统治者。我们很幸运能得到这些东西，因为除了那些难以获取的墓葬品，几乎所有其他黄金手工制品都被当时嗜金若渴的西班牙征服者熔化并运到了西班牙。

你也许好奇，这些前哥伦比亚时期的珠宝和黄金制品同昆虫有什么关系呢？答案是，来自新世界文明的工匠在黄金铸造的过程中使用了蜂蜡——不是旧世界国家的蜜蜂制造的蜂蜡，而是来自新世界国家的无刺蜂的蜂蜡。（之后的章节中还会出现这两种昆虫。）黄金的铸造是一种"失蜡"的过程。赫伯特·施瓦茨（Herbert Schwarz）引用了一段介绍该过程的英文翻译，阿兹特克人曾使用过这种工艺，原文是由 16 世纪的伯尔纳多·德·萨哈冈神父（Father Bernardo de Sahagún）用纳瓦特尔语（阿兹特克人的语言）记录的。在做一个小小的实心铸件之前，比如一件珠宝，要先用蜂蜡做一件实心的仿件，并以黏土包裹。随后将黏土放入窑中烧制，其中的蜂蜡会熔化并从小洞流出（即失蜡），再将熔化的黄金倒进形成的空腔中即可。

荷兰莱顿自然博物馆的 D. C. 盖斯基斯（D. C. Geijskes）记录道，哥伦比亚西部的科芬族印第安人会将整只昆虫或昆虫身体的某个部分镶嵌到项链、发带、耳链和鼻塞中去。博里斯·马尔金（Borys Malkin）的爱好是收集昆虫和研究美洲印第安人的民族人类学。他给盖斯基斯寄去一张科芬族妇女的照片，照片中的女人将豆娘的前翅作为装饰物嵌入用鸟类羽轴做的鼻塞中。这只豆娘的前翅将近 2 英寸长，上面盘综覆盖着纤细的黑色脉纹，非常美丽，翅尖有一大块耀眼的黄斑。黄斑的内缘有一圈深棕色，向翅膀基部逐渐淡去。科芬族人钟爱的是一种生长在树林里的金属色大甲虫的鞘翅，其长达 2 英寸，如抛光的铜片一样闪耀。（鞘翅是硬化的前翅，如"盾片"一般，覆盖了甲虫背部的大部分区域。）沃尔特·林森迈耶（Walter Linsenmaier）的描述适用于这个甲虫大家族（吉丁科）的很多种类，包括桦长吉丁和桦小吉丁，这两种极具破坏力的昆虫有着美丽的幻彩色鞘翅："它们如同有生命的珠宝……在花朵、树叶、木桩和树皮上晒太阳，闪耀着绚丽的色彩。"

弗兰克·考恩对这些昆虫夺人眼球的金属光泽做出过如下评价：

很多吉丁科昆虫都具有极为闪亮的金属光泽，如祖母绿底色闪耀着金色光芒，或是金色的底色泛起青金石的光辉；它们的鞘翅，即后翅的覆盖物，被中国和英国的女性用于刺绣以装饰衣裙。

中国人还尝试用青铜来雕制这种昆虫，因为工艺精湛，做成的艺术品有时会被人误认为是真的昆虫。在斯里兰卡和整个印度，人们将这两种吉丁的金色鞘翅用来丰富印度的闺房刺绣，而吉丁闪耀的足关节则被串在丝线上，做成具有非凡光泽的项链和手串。

贝克曼写道，"缅甸阔叶林里的"甲虫鞘翅曾经被"大批量地采集并出口到印度"，在那里人们用金属线将其缝到布料上去。

A. D. 伊姆斯（A. D. Imms）写道，在巴哈马群岛和南非，人们从草根周围的土壤里挖出"土珍珠"（珠绵蚧），串起来做成项链。这些"土珍珠"实际上是蛰伏的雌介壳虫（绵蚧科），它们将自己包裹在直径约三分之一英寸的坚硬而有光泽的球形胶囊状蜡壳中。介壳虫是蚜虫的远亲，得名原因是很多种介壳虫——如盾蚧——会分泌一层坚硬的蜡壳裹住身体。大多数盾蚧在一生的大多数时间里都不具有附肢，除了永远扎在宿主植物中用来吸食树汁的口器。它们本质上是树上冒出的斑斑点点的寄生虫。珠绵蚧属于一类特殊的介壳虫，包括胭脂虫在内，覆盖在它们身体外的通常并不是一层壳，而是非蛰伏期所分泌的蜡丝。与盾蚧不同，雌珠绵蚧的足短而无力，只能勉强进行有限的活动。

阿瓜鲁纳族属于秘鲁东部希瓦罗语语系的一支部落。1978年布伦特·柏林（Brent Berlin）和吉林·普兰斯（Ghillean Prance）所写的一篇文章提到，阿瓜鲁纳族可能有将虫瘿制成身体装饰物的独特文化。虫瘿是植物上的瘤状突起。雌虫将卵产在植物内部，孵化的幼虫导致虫瘿的形成。虫瘿既是幼虫的产室，又是其食物来源。当柏林和普兰斯发表此文时，文中所提及的虫瘿内的昆虫尚未被鉴定种类。这些虫瘿生长在当地一种树的叶子背面。这种树被阿瓜鲁纳族人称为 dúship，当时对科学界来说还是新种，也就是说，尚未被科学地归类和命名。这些虫瘿的形状像甜甜圈，直径约为十六分之三英寸。"当树落叶时，"柏林和普兰斯写道，"阿瓜鲁纳族人将树叶放进篮中收集起来，之后摘下虫瘿用来制作项链。虫瘿（凹陷的）中心长有一层厚实的膜，很容易用尖锐物体刺穿。"人们将这种天然的"珠子"串起来制成项链。一个人能戴 40 多条"珠链"，每条大约 50 英寸长，由 1000 多个虫瘿穿就，因此佩戴者的脖子上大约缠绕了 4 万多个虫瘿。

阿瓜鲁纳族人认为虫瘿是种子，另一个部落的酋长则认为虫瘿是果实。柏林和普兰斯引用了一位传教士与酋长塔里里（Tariri）的对话，对话记录是这位传教士寄给他们的："当我说虫瘿来自昆虫的卵时，塔里里笑说：'这不可能。它们是沿着叶脉生长的。你觉得我们看到果实的时候会不认得吗？'"

H. F. 施瓦茨（H. F. Schuarz）详细记述了澳大利亚北部的原住民为增强头饰效果，而将虫瘿或无刺蜂的蜡制成的珠子串在"发梢"的操作。为彰显饰物的装饰价值，他们将鲜红的小种子嵌入蜡中。巴西南部的印第安人——毫无疑问还有其他南美印第安人——利用无刺蜂的蜡将装饰性的羽毛粘在服饰上。

1900 年，著名的昆虫学家利兰·霍华德（Leland Howard）记述了祖鲁人和南非的卡菲尔人所佩戴的一种由虫蜡制作的头环："这种头环最初是非洲探险者注意到的，据说是用动物筋腱制成，周围裹有蜡，在油脂的支撑下成型。佩戴者需要剃掉部分头发，还要将一部分头发编入头环中以实现固定。随着头发的生长，头环会向上移动，有时还要进行适度调整。"据说这种蜡是由蜡蚧属（*Ceroplastes*，由拉丁语中的"蜡"和希腊语中的"塑形"组成）的一种介壳虫分泌的。霍华德如此评述蜡蚧属："这种昆虫是产蜡能手。比如，古代中国的商业用蜡就是角蜡蚧（*C. ceriferus*）分泌的。至于祖鲁人所用的蜡具体来自蜡蚧属哪个种类，就不知道了。"

利用昆虫产物所做的最不同寻常的物件之一，当然要数用白斑脸胡蜂（*Dolichovespula maculata*）的纸巢所做的面具。据罗杰·阿克（Roger Akre）及其合著者介绍，这些足球形状的蜂巢直径约 14 英寸，长 24 英寸，每个巢均由一个蜂群占领，其中有一只蜂王和无数只工蜂。被层层巢壁包围的巨大空间由三到五排水平的六角形孔格组成，蜂王在每个孔格中产下一枚卵，卵孵化后工蜂会用昆虫喂养这些幼虫，直到它们发育成熟。卡尔·冯·弗里希（Karl von Frisch）告诉我们，构造蜂巢的纸是工蜂用上颚从枯木上刮下木质纤维，再用唾液粘制而成。那些枯木可能是倒下的树或篱柱。杰拉尔德·麦克马斯特（Gerald McMaster）和克利福德·特拉夫泽（Clifford Trafzer）报告说，北卡罗来纳州的切罗基族人通常会在传统舞会上佩戴面具。他们跳动物舞蹈时戴木制面具，跳布格舞时则戴葫芦制成的面具，意在驱赶招致疾病的邪灵。但时间紧迫的情况下，布格舞者会用胡蜂的蜂巢赶制面具，在眼睛和嘴巴的位置掏几个孔就完成了。

　　若用风干的虫茧装饰踝链，并且在茧中放些小石子、种子甚至鸵鸟蛋的碎壳，就会发出一种沙沙的声响，如同萨满巫师在为病患举行的治疗仪式上边唱边跳所发出的声音一样。理查德·佩格勒说，在非洲南部以及大西洋的另一边，如美国西部和墨西哥北部，也许都能见到此类仪式。但这些地方的虫茧都不是桑蚕茧，很有可能是天蚕蛾科某种昆虫的茧，这种蚕蛾是天蚕蛾、樗天蚕、普罗米修斯蛾和大柏天蚕蛾的近亲。这是一个非常明显的人类学上的相似案例。在这个案例里，不同文化背景中的人尽管相距甚远，却各自独立制作出相似甚至几乎相同的响具。

　　踝链大致有两种类型。一种类型以非洲南部原住民的响具为典型代表。霍华德写道："自从（殖民者）由中国和印度引进了人力车，纳塔尔的踝链响具也变得非常普遍。"非洲的人力车夫"常常佩戴踝链，踝链在街上发出的沙沙声几乎同冬天新英格兰小镇上的雪橇铃铛声一样普遍"。霍华德解释了这种踝链的制作方法：

蛾子破茧而出后，当地人收集茧，并在每个茧里放上一个或多个小石子，再把茧一个个并排缝到一张宽大的猴皮上，直到覆盖整张皮革。茧被缝在皮革的内侧（猴毛在另一面）。这些踝链……长 10 英寸，宽 4 英寸，人们将其用皮带绑在脚踝上……踝链上的茧结实而干燥，其中的石子欢快地沙沙作响。

另一种类型，为新世界少数几个部落和非洲南部卡拉哈里沙漠的桑族人（布须曼人）部落所使用。这种踝链由几股绳索组成，其中每股长 6 英尺，是将几十个到一百个甚至更多的虫茧穿在或缝到绳索或布条上制成的。这些响具被缠绕在从膝盖到脚踝的小腿上。博茨瓦纳的桑族人制作的踝链长达 60 英寸，上面的虫茧多达 72 个。人们沿着这些虫茧原本附着于树枝的地方割开，再在里面放上一些沙砾或鸵鸟蛋碎壳。1913 年，A. 舒尔策（A. Schultze）在报告中称，纳塔尔的原住民也制作类似的虫茧绳串，并将其当作裤带系在腰间。

据佩格勒记述，美国亚利桑那州南部和墨西哥索诺拉州的雅基人也制作和使用一种类似的踝链，是将虫茧缝在红色纱线上制成的。踝链两端的红色流苏"被称为'花朵',象征着神的恩典"。亚利桑那州的雅基人将虫茧漆成白色,使它们看起来焕然一新,因为当地没有虫茧资源可以制作新踝链,只能从索诺拉州的雅基人那里进口。墨西哥政府为根除大麻而大量喷洒一种除草剂,使得当地的蛾子数量大幅减少,多年来索诺拉州的雅基人不得不从邻近的部落获得虫茧。

加利福尼亚州、亚利桑那州和索诺拉州的很多印第安部落都曾使用过手持响具。据佩格勒说,由波莫族广为使用的医用响具被称为 *Kaiyōyō*。这种响具得名于黄鹂(*Kai yoyok*),据说这种鸟鸣叫时会发出咯咯的声音。这种响具"有一个结实的木头手柄,有 6 到 40 个虫茧附着在巨大的羽轴上,通常还饰有其他羽毛"。科斯塔诺印第安人制作手持响具的材料是仍粘连在树枝上的虫茧,因为毛毛虫吐出的丝可以起到固定作用。将几根树枝用一根布条绑在一起,就可以制成带手柄的响具了。一些观察者认为这些印第安人会食用从虫茧中取出的幼虫,而人类学家克雷格·贝茨(Craig Bates)告诉佩格勒说,尽管印第安人将昆虫当作食物,但他们敬畏医用响具所蕴含的"神力",所以一般不会吃用来制作响具的虫茧中的幼虫。

米沃克族的萨满巫师认为虫茧响具的神力太强,"普通人"无法应付。所谓的神力来自响具的制作过程。人们从山坡上生长的灌木的向阳面采来虫茧,往里面塞上石英石或水晶。克雷格·贝茨引用了一位曾见过这种响具制作过程的观察者的话:"4 个很大的茧……有着天然的银色光泽，被绑在一根木棍上……饰有老鹰身上的飞羽和绒羽……（它）具有一个皮环做的手柄和 4 根单独的皮带……皮带上垂下两根老鹰羽毛和两根很小的白色鸽子羽毛。实属一件艺术品。"

一位名叫奇普利楚（Chiplichu）的萨满巫师听说天花可能从邻村传染到自己的村庄，便进行了一次名为 *hiweyi* 的舞蹈仪式。他由 12 位男性陪同，连续 4 天从日落时分跳到午夜。以下是 E. 布雷克·帕克曼（E. Breck Parkman）引述的一名旁观者描述萨满巫师服饰的话：

奇普利楚戴着一条羽毛围巾（*hichli*），从脖子后面绕过来，经过胳膊下方拉到身后，围巾两端连在一起形成一条尾巴。他双手各执一个虫茧响具（*wasilni*），头发上还别着一个虫茧响具。他头戴用艾草的茎叶编绕而成的花环……4 支缠在树枝上的乌鸦羽毛使他的头饰锦上添花。每支羽毛饰品大约 2 英尺长，用鹿的筋腱固定住。它们插入他的头发中，一支羽饰向前伸出，一支向后伸出，两边也各有一支。他头上所佩戴的虫茧响具直立地固定在脑后。他身着一张据说有 6 英寸厚的草席，上面开有袖孔，看上去非常像齐膝的连衣裙。

奇普利楚问神灵自己的村庄是否真的受到了威胁，神灵答道：

"完全没有疾病将要来临。"

佩格勒记述说，很多其他地方的人也发现了天蚕蛾茧的用途。加利福尼亚州的外腊基人将薦草编织在柳树枝做的十字架上，再在十字架中心编出钻石的形状，做成手持的咒符。十字架的其中三个末端各挂一个蚕茧，里面装着蚁丘里的沙砾；另外那端则作为手柄。佩格勒指出："这种器物是为了让神的眼睛聚集在手握器物的人身上，以这种特定的方式来获得健康或成功。"蓑蛾，即跟天蚕蛾并无近缘关系的袋蛾，其蚕茧"是扎伊尔的巫医放在葫芦容器中的一种用于神明崇拜的物品"。在中国台湾，人们将大柏天蚕蛾的茧制成钱袋，这是畅销的旅游纪念品。这种钱袋约 2.4 英寸长，配有拉链，标签上注有"此钱包由野生蚕丝制成"的字样。

有一种用石蛾（毛翅目）幼虫的茧制作珠宝的工艺，我此前从未听说过，最近才在当地报纸上读到相关报道。在介绍这种工艺之前，先让我告诉你一点关于石蛾的知识。尽管石蛾的英文名为 caddisfly，但它们与真正的苍蝇（fly）无关。石蛾的幼虫看起来很像普通的毛虫，它们生活在池塘和小溪里，行动相当灵活。石蛾的成虫看起来像蛾子，翅膀有点毛茸茸的，经常可以见到它们夜间在水边的灯光周围掠过的身影。很多种石蛾的幼虫建造并住在可以移动、如同管道的居所里，除头部和足部之外，茧将它们周身遮住，就像寄居蟹背着壳一样。很多幼虫会用丝将沙砾和小石子缠绕在一起筑造自己的"管子"或"箱子"。这些"箱子"具有由五彩斑斓

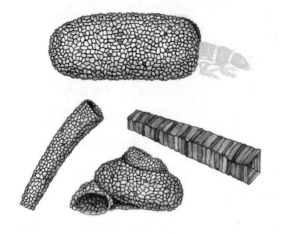

一只在茧中的石蛾
幼虫（上）；用沙砾
做成的管状和蜗牛
状的茧（左下）；用
植物碎片制成的茧
（右下）。

的沙砾紧凑拼成的马赛克图案，不亚于人工制作的马赛克瓷砖。

　　而凯西·史道特（Kathy Stout）对原有的天然制品进行了"改造"。她将石蛾幼虫圈养起来，向它们提供不太寻常的"建筑材料"。如报纸上所说，她提供了"蛋白石、石榴石、虎眼石、碧玉、青金石、金块、翡翠、红宝石、蓝宝石，甚至钻石"。最终，幼虫在茧中化蛹，羽化为成虫飞走。这时，凯西就来收集这些空空如也的茧子——每个茧长约 1 英寸或者更长，非常美丽，而且没有任何两个茧长得一样——然后在其中填入环氧树脂，以确保茧不会散开。凯西的妈妈玛丽琳·凯尔（Marilyn Kyle）利用这些茧设计出独一无二的珠宝——从耳环到项链，应有尽有——"售价从 35 美元到2000 美元不等"。大家都很喜欢她设计的珠宝。凯西说："男人之所以也喜欢，是因为他们认为'这是昆虫做出的珠宝。非常酷！'"

似乎太阳底下真的没有新鲜事。亨利·麦库克所著的《老农场佃户》出版于 1886 年，阅读这本书仿佛是在自然中进行趣意盎然的漫步。我在书中读到他迫使一种蠹虫（衣蛾的幼虫）制造彩色管状茧的方法。就像石蛾幼虫住在茧中那样，衣蛾的幼虫也带着管状茧生活。这种毛虫以衣柜里的羊毛织物为生，因此会在自己的丝茧中织进自己所食的衣料纤维碎屑。随着毛虫的生长，它的茧也在不断增长。麦库克写道："通过将毛虫从一种颜色的衣料转移到另一种颜色的衣料上，就能得到所需的色彩，倘若密切关注毛虫的活动，并在适当的时间进行转移，就能获得想要的图案。例如，可以将一只中龄幼虫放在一块亮绿色的布料上。在它织完'管子'之后，可以将它移到一块黑色的布料上去。"之后再将它转移到一块鲜红色的布料上。"就这样，这只小虫像雅各（Jacob）最爱的儿子那样，穿上了一件'多彩的外套'。"

我们已经见识了人们利用昆虫或昆虫产物做成饰品或者衣衫。接下来我们要了解的是不那么引人注意却又对人类非常重要的其他昆虫产品：蜂蜡制成的蜡烛，某种介壳虫分泌的虫胶制成的虫漆，还有蜂蜡和虫胶混合制成的封蜡。

---

* 在《圣经》中，雅各是以色列民族的先祖。雅各为自己最宠爱的小儿子约瑟（Joseph）做了一件漂亮的彩衣，约瑟因此受到他的 11 个兄长妒忌。

第五章

虫脂虫膏

1569 年，葡萄牙传教士乔·多斯·桑托斯神父（Father João dos Santos），来到一个名为索法拉的部落（如今叫作莫桑比克）。他写道，有一只小鸟时不时从教堂的窗户飞进来，啄食神坛烛台上的蜡油。赫伯特·弗里德曼（Herbert Friedmann）引述桑托斯神父的话，并补充说，神父将这只鸟称为 sazu passaro que come cera，意思是"一种吃蜡的小鸟"。后面我还会讲到这种小鸟的神奇行为，但首先我要告诉你的是，制作教堂的蜡烛所用的蜂蜡，跟你抹在吐司面包上的蜂蜜，来自同一种蜜蜂——意大利蜂（*Apis mellifera*）。这种蜜蜂是欧亚大陆西部和非洲的本地物种，很久以前被欧洲人带往新世界，并在那里繁衍壮大。

蜜蜂利用蜂蜡建造六角形的蜂巢，并在其中养育幼虫，储存花粉和花蜜。当蜂群增大，需要更多蜂室时，一些"居家"的工蜂（内勤蜂）——由于太年幼，无法离开蜂巢采食花粉和花蜜——会从腹部下侧的 8 个腺体中分泌一定量的蜂蜡。它们先饱食一顿蜂蜜，接着，经过一天的休息后，将蜂蜜中的糖转换成蜡，即某种脂质或称脂肪。我们人类对这种转化并不陌生。毕竟，吃了过多甜食，我们也会长出一层不想要的脂肪。1853 年，洛伦佐·兰斯特罗思（Lorenzo Langstroth）的书《论蜂巢和蜜蜂》（*On the Hive and the Honey-Bee*）首次出版。在这本引人入胜的书中，他写道："极其严谨的实验显然证明了一个事实，那就是，制造 1 磅蜂蜡需要消耗至少 20 磅蜂蜜。若有人质疑，请务必记住，蜂蜡是一种由蜜蜂分泌的动物性油脂，试想，要让牲畜增长 1 磅肥肉得给它们喂多少磅的玉米或干草啊。"

几千年来，人们发现了蜂蜡的大量用途，而蜂蜡至今仍是很有价值的商品。我的同事吉恩·鲁宾逊（Gene Robinson）说，蜂蜡的价格是蜂蜜的两到三倍。人类最初为何使用蜂蜡是史前时期的谜。但我们从霍利·毕晓普（Holley Bishop）所著的一本关于蜂蜜的书中了解到，在古代埃及、希腊、美索不达米亚和罗马的市场都能买到蜂蜡，古时蜂蜡在全世界有过各种用途。比如，埃及人制作木乃伊时，要将亚麻布浸在熔化的蜂蜡中，而后层层裹在经过防腐处理的尸体外。之后木乃伊被放置在棺材中，棺材同样要用蜂蜡封好。在古希腊，人们将熔化的蜂蜡和颜料混合后涂在墙上，形成带有光泽的墙面。类似地，船只也会被涂上一层彩色蜂蜡，用来做防水处理。从美索不达米亚到中国，艺术家们都利用"失蜡法"铸造雕像和其他物件，对此第四章已有过叙述。

约 100 年前，罗杰·莫尔斯（Roger Morse）写道："妇女的针线包中如果缺少了一块……蜂蜡，则是不完整的。所用蜂蜡通常为半只鸡蛋那么大。"这块蜂蜡是用来将松散的线头接合在一起，或者摩擦缝衣针使其更顺滑。蜂蜡曾被牙医用来给病人的牙齿取印模，据我在伊利诺伊州尚佩恩市的安特科牙科实验室了解到的信息，蜂蜡如今依然是假牙和牙冠的铸模用蜡的组成部分。我的药剂师说，膏药和润肤霜的生产过程仍在使用蜂蜡。蜂蜡还是家具上光剂、鞋油、弹药、电绝缘体及很多其他产品的成分。但在某些用途上，蜂蜡已经被便宜的人造树脂和人造蜡所取代，如石蜡。

养蜂人自己就是蜂蜡的最佳消费者之一，因为这些蜂蜡是蜂巢的基本框架。蜂巢的框架是用蜂蜡糊成的一层薄板，连接着很多个六角形巢室的基底和门户。这些六角形巢室的大小刚好是蜜蜂偏爱的尺寸，两面都有冲压，形成凹槽。蜂巢框架被安置在一个长方形木框中，码在蜂箱里。讲求实际且懂得见机行事的蜜蜂会在完成蜂巢的凹凸结构后，适时减少对蜂蜡的使用。1857 年第一份由木制印模机手工印压的蜂巢框架问世，很快这种产品便开始机械化生产。到 19 世纪末，价格低廉的蜂巢框架已随处可见。如今，美国几乎所有的养蜂人使用的都是大规模生产的蜂巢框架。

T. 麦克尔·彼得斯（T. Michael Peters）在《昆虫与人类社会》（*Insects and Human Society*）一书中引用了一位英国养蜂人的话。这位养蜂人在 1827 年写道："在所有上流集会以及罗马天主教堂里，蜂蜡正变成光线的最主要来源。这些场合里的蜡烛一直在持续不断地燃烧。通过这种方式，蜂蜡已经变成一种相当重要的商品，因此蜜蜂所需的照料也变得极为关键，尤其在温暖的气候区。"

莫尔斯表示，制造用于教堂的蜡烛，可能是当今蜂蜡最主要的用途，而这当中的原因则要追溯到罗马天主教堂时期的风俗习惯。"蜂蜡特别适合用来做蜡烛，因为它燃烧时产生的烟和气味都比动物脂肪要少；事实上，蜂蜡燃烧的气味还挺好闻的。"此外，蜜蜂在罗马天主教堂还有象征意义："某些特定教堂的礼拜规程指出，因为蜜蜂（工蜂）是处子之身，其所产之蜡便象征着纯洁。"在与尚佩恩市伊利诺伊州大学圣约翰教堂的主任牧师 M. 安德鲁·海克曼（M. Andrew Heckman）的电话访谈中，他告诉我这座教堂使用的蜡烛仍然以蜂蜡为主要成分，只是不像前几个世纪那样用纯蜂蜡制成了。圣约翰教堂里所点的大部分蜡烛，51% 是蜂蜡，剩余成分是石蜡，一种人造的石油衍生物，而其他作特殊用途的蜡烛则含有 67% 的蜂蜡。

16 世纪时，西班牙征服者强迫墨西哥、中美洲和南美洲的印第安人信奉天主教，通常这是运用武力手段达成的。帮助埃尔南·科尔特斯镇压本地人民的其中一位征服者名叫贝尔纳尔·迪亚斯·德·卡斯蒂略（Bernal Díaz del Castillo）。赫伯特·施瓦茨写道，迪亚斯详细记述了一件事：当时西班牙人竖立了一座祭坛，神父弗雷·巴尔托勒梅·德·奥尔梅多（Fray Bartolomé de Olmedo）在此举行了弥撒，并给印第安人展示"用当地蜡油制作蜡烛的方法，下令这些蜡烛要永远放在祭坛上保持燃烧"。当地的蜡并不是我们所熟知的蜜蜂生产的，而是新世界热带的无刺蜂所产，你将在第八章了解到无刺蜂。印第安人非常珍视这种蜡，它是特诺奇提特兰城的大市场所售的众多商品之一。尽管没有用于制作蜡烛，但印第安人对这种蜡的使用也历史悠久。阿兹特克人将这种蜡称为 xico-cuitlatl，即蜜蜂树脂。

施瓦茨告诉我们，在一个叫作禅康的玛雅村庄里，至少到 20 世纪 40 年代后期，人们都还在用无刺蜂的蜡制作宗教仪式上的蜡烛。蜡烛工匠在一个水平放置的木头圈上悬挂大约 50 根蜡烛芯，"木圈旋转起来时，（工匠）将熔化的蜂蜡浇在蜡烛芯上，直到获得理想的（蜡烛）直径"。由于有些蜂巢所产的蜂蜡颜色较之其他要深一些，制作出的蜡烛可能有黄色，也有黑色。在成年人的葬礼和万灵节等用来纪念亡灵的仪式上，玛雅人有时会点燃黑色蜂蜡做成的蜡烛。黑色蜡烛被洪都拉斯的玛雅人视为神圣之物。玛雅人拒绝出售黑色蜡烛，或用黑色蜡烛换取白色蜡烛，因为他们认为"白色蜡烛是没有灵魂的"。

正如查尔斯·米切那（Charles Michener）向我们热情诉说的那样，蜜蜂是一种伟大的昆虫。除人类这个物种之外，蜜蜂可能是社会组织最为复杂的动物了。无论是商用蜂巢、空树洞还是建筑物墙体空间内居住的蜂群，都只有一只蜂王——它基本上是一台产卵机器，还有数万只工蜂——全都是不育的雌性。年长的工蜂负责采集花粉和花蜜，年幼的工蜂则将这些花粉和花蜜作为食物，并抚育蜜蜂幼虫。几乎所有的蜜蜂幼虫都会长成工蜂，少数几只成为雄蜂，在极为特殊的情况下，会出现一只蜂王。每两三年，蜂群会自然分巢，分成两部分。原来的蜂王和一大群工蜂离开旧巢，去别处寻找新的繁殖地。如果养蜂人没有截获这群分巢的蜜蜂并把它们安置在蜂箱里，它们就会变成一群野生的蜜蜂，在其他地方安营扎寨，比如可能会定居在一个空树洞中。新的蜂王和一大队工蜂则按兵不动，留在原地。新蜂王花上几个下午的时间在某个吸引雄蜂的地点婚飞。这是雄蜂第一次离开蜂巢，进行大规模的集会。之后新蜂王会返回旧巢，不再交配。蜂王有一个器官，叫作受精囊，其中储存着多达 700 万个活的精子——全部来自于几只雄蜂的贡献。蜂王活多久，它体内的精子就能储存多久，时间可能长达好几年。

一个蜂群的存活依赖的是工蜂们的非凡能力。我发现其中两项尤其有趣：它们的舞蹈语言（我们将在第八章详细了解）和它们给蜂巢加热及控温的方式。一群蜜蜂可以通过自行制造热量的方式挨过寒冷的冬天。工蜂们拥挤在一起，紧紧簇拥着蜂王和充盈着蜂蜜的巢室。外围的蜜蜂形成一圈隔热层，通过"肩并肩"挤在一起，组成有两只蜜蜂那么厚的"毯子"。内部的蜜蜂组合得相对没那么紧密了，它们吃蜂蜜、"震颤"翅膀肌肉但并不扇动翅膀，通过这种方式将卡路里转化成热量，从而保持蜂群温暖。工蜂们会不断调换位置，减轻外围工蜂的压力。

中华蜜蜂（*Apis cerana*）会利用产热的能力来杀死进犯蜂巢捕食幼虫的大黄蜂。小野雅人（Masato Ono）和他的合著者写道，大黄蜂进入蜂巢后，500 多只蜜蜂会迅速将其包围，形成一支紧密的球形部队，然后将球内的温度提升到惊人的 47℃。这样的温度对大黄蜂来说是致命的，却对蜜蜂不构成威胁。

夏季，当蜂巢内的空气温度攀升至35℃以上时，工蜂会通过多种有效的办法来降温。如果只需要稍微凉快一点，它们会扇动翅膀，让空气流动；若还是热，它们就在巢室表面喷洒一层薄薄的水膜，通过水分蒸发来降温；如果这样还不够，工蜂会用力扇动翅膀，加快蒸发的速度。这些方法都很有效。马丁·林道尔（Martin Lindauer）在黑色火山岩上放了一个蜂巢，那里的气温高达70℃，而工蜂却让蜂巢内的温度一直保持在35℃（最适宜温度），只要附近有足够的水源就行。

现在让我们回到那只在非洲东部的教堂里采食蜂蜡的小鸟身上。这种鸟原本并非以蜡烛油为生。它们吃野生蜂群所产的蜂蜡、蜜蜂、蜜蜂幼虫以及蜂蜜。不过它们接近蜂群的方式实在很不寻常。它们会先找一个人或者一只动物，比如蜜獾。正如弗里德曼描述的，鸟儿发出轻快的叫声，拍打翅膀，扇动尾羽，引领这个人（或这只蜜獾）前往蜂巢。终点往往位于空树洞处。这只鸟不时在枝头停下来，卖力地表演，以确保有人跟上来。在人将蜂巢撬开并携带饱含美味蜂蜜的蜂巢溜之大吉后，鸟儿便会上前，美美地享用一顿残羹。这种鸟因此被当地人称为"蜂蜜向导"，中文名为黑喉响蜜䴕（*Indicator indicator*）。

"蜂蜜向导"是为数不多的将蜂蜡作为食物的动物之一。大多数动物——包括人类——是无法消化蜡的。我们抹在吐司上的巢蜜裹有蜂蜡，被我们视为美味；我们可以消化蜂蜜，而蜂蜡却未经消化就直接通过了肠道。将蜡作为食物的动物中有几种是昆虫。有一种被养蜂人视作蜂巢威胁的昆虫叫作大蜡螟（*Galleria melonella*）。莫尔斯解释说，雌蜡螟"通常把卵产在蜂巢外面。孵化出的蜡螟幼虫也吃蜡，它们爬进蜂巢，在其中吐丝蛀道，从而捣毁蜂巢"。蜜蜂发现蜡螟的幼虫后会杀死它们，但有些蜡螟幼虫会躲在蜜蜂少去的偏僻角落，躲过捕杀，尤其在工蜂数量偏少的弱势蜂群中更易存活。约翰·亨利·科姆斯托克曾如此描述蜡螟："发育成熟时，蜡螟的幼虫约有 25 毫米长。白天它们躲在自己的蛀道中，只在夜晚进食，那时精疲力尽的蜜蜂已酣然入睡。"在第八章中我们还会详述人类对蜂蜜口味的喜好。据说蜂蜜是众神的食物，至少从石器时代以来，蜂蜜一直都是颇受人类欢迎的食物。

　　蜜蜂并不是唯一分泌蜡的昆虫。蜜蜂的近亲熊蜂——也是群居性蜂类——常在地下废弃的老鼠洞里安家，它们会在蜂巢中制作装蜂蜡的蜜罐。还有不少其他动物也分泌蜡。其中最有名的是吸食树汁的介壳虫，它们是蚜虫、叶蝉和沫蝉的亲戚。尽管并非所有介壳虫都分泌蜡，但至少大部分介壳虫如此。其中就有我们在第四章

已经遇到的珠绵蚧。你已经知道，这些"土珍珠"实际上是将自身包裹在坚硬的圆形蜡壳中休眠的雌介壳虫。身披铠甲的介壳虫，一个典型例子就是进犯你家紫罗兰花丛的微小的牡蛎蚧，那层鳞片状的蜡质外壳像盾片般保护着它们身体的上半部分。（牡蛎蚧的得名原因是其介壳看上去如同小型的牡蛎壳。）其他种类的介壳虫，并不真正长介壳，它们要么用一层粉末状的蜡作为外衣，要么在身上覆盖厚厚一层长长的蜡丝。道格拉斯·米勒（Douglas Miller）和迈克尔·科兹塔拉伯指出，某些介壳虫的雌性，如吹棉蚧，还会在卵群上覆盖蜡丝。

介壳虫制造的蜡，尽管不是现成可用，也不像蜂蜡那样应用广泛，但已在世界各地得到多种用途。例如，凯瑟琳·詹金斯（Katherine Jenkins）在报告中称，珠绵蚧的近亲分泌的硬蜡，"在西班牙征服者到来之前已经得到……中美洲人民的使用（有时还会培育）"。这种蜡"涂在任何物体表面都能形成一层无法渗透的膜"。对这种蜡的众多应用包括：作为木头和葫芦的防水涂层，"在类似天然漆的涂料中添加染料，并涂在器物表面，也可作为面部和身体彩绘的打底霜"。E. O. 埃西格（E. O. Essig）写道，加州的印第安人将树脂和介壳虫分泌的蜡"用来修补陶器，给篮子做防水涂层，加固兽筋做的弓弦，甚至用来咀嚼"。

迈克尔·科兹塔拉伯说，白蜡虫（*Ericerus pela*）大概是最重要的制蜡类介壳虫，它们能生产大量纯白色蜡，在石蜡普及以前，中国人就是利用这种白蜡来制作蜡烛的。弗兰克·考恩观察到："在秋季，当地人从树上刮下这种被称为'白蜡'的物质，然后把它熔化、提纯后制成蜡饼。它的外观洁白而有光泽，同油混合后，可用来制作蜡烛，据说比普通的蜡（应该是指蜂蜡）更高级……汉口的杂货铺和蜡烛店里悬挂着这种蜡做成的奶酪状大蜡饼，上面通常印有广告语：'此蜡欺霜赛雪。'"

事实上，所有的昆虫——臭虫、蝴蝶、甲虫和其他所有昆虫——身上都有一层极薄的蜡质保护层，这层蜡并非外部结构，而是昆虫"皮肤"的一部分。这层皮肤通常硬如铠甲，昆虫学家称之为外骨骼或体壁，由三层不同的组织构成。其中靠外的一层极为纤薄，只有在显微镜下才能看清，它包含一层极薄的蜡，称为蜡质层，能最大程度减少昆虫体内水分的散失。这项功能非常重要，因为大多数昆虫一般不太容易喝到水。这层蜡质被薄薄一层"黏胶"覆盖和保护着。1945年，文森特·威格尔斯沃思做了一次实验，戏剧性地展示了常见吸血昆虫被去除蜡质层后的结果。这些昆虫在爬行时通常把腹部拖在地上。当实验组的虫子爬过撒有粗糙尘土的表面后，身上的大部分蜡质层被磨掉，很快便死于脱水。而对照组的虫子腹部下方预先安放了一截蜡质短桩，它们在爬行时体壁不会受到刮擦，也没有死去，这表明尘土除了磨损蜡质层之外，并不会对这些昆虫造成其他影响。

我家客厅的一个抽屉里藏有一张艾尔·乔森（Al Jolson）和平·克劳斯贝（Bing Crosby）的黑胶唱片（每分钟78转）。这张唱片一面刻录的是《亚历山大的爵士乐队》，另一面录有《毁了我一生的西班牙人》。这些歌曲轻松欢快，美妙动听，不过你也许要问，艾尔·乔森和平·克劳斯贝跟对人类有用的昆虫产品到底有何关系？哈哈，这两位杰出的歌手跟我们的主题毫不相关。不过这张唱片却是用某种介壳虫的分泌物制成的。这些小虫子分泌一种叫作紫胶的树脂类物质。紫胶的用途非常广泛。二战以前，大量紫胶被用来生产唱片，制作过程中还会混合细黏土、云母和其他填充物。梅·贝伦鲍姆（May Berenbaum）写道："1927年到1928年，英国、德国和法国总共生产了2.6亿张唱片，这意味着1.8万吨虫胶被消耗掉了。"然而从20世纪30年代开始，唱片产业逐渐用乙烯基这样的合成塑料取代了虫胶。

　　生产虫胶的昆虫名为紫胶蚧。它们生活在印度、中国、斯里兰卡、越南和菲律宾的榕树等多种树木上。F. C. 毕晓普（F. C. Bishopp）解释说，成千上万只微小的幼虫一旦孵化就会在树的嫩枝上一个挨一个地"安营扎寨"，将口器插入植物组织中。在吸食树汁、不断生长的同时，它们会分泌一种坚硬的保护性物质，即虫胶。虫胶主要由树脂、蜡和色素组成。这种树脂状分泌物会在紫胶

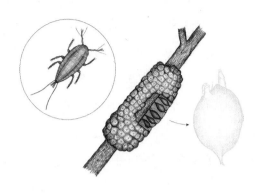

这是一根被虫胶包裹的树枝，树枝上有一窝紫胶蚧。
左边是一只刚孵化的幼虫，右边是一只雌性成虫。

蚧周围堆叠起来，将其包裹住，还会将树枝也完全覆盖，厚达半英寸，长达 4 到 5 英寸。大约三个月时间，紫胶蚧就会发育成熟。紫胶蚧的性别比例严重失衡，大部分幼虫发育成雌性。"它们占领了树脂块中的一个个小空腔，再也不从里面爬出来。雄虫倒是会露面，通过树脂硬壳表面的小孔使雌虫受精。随着受精卵在雌虫体内发育，雌紫胶蚧的外表渐渐变得像鲜红色的囊袋……雌紫胶蚧死亡后，卵孵化出来，幼虫便逃离到附近未被紫胶蚧占领的树枝上。如此往复。"

1924 年，伊丽莎白·布劳内尔·克兰德尔（Elizabeth Brownell Crandall）记述了印度所用的一种古老而原始的处理虫胶的方法。丛林部落的人采集了硬壳的树枝售卖。人们用石臼将粘在树枝上的虫胶研磨成粉，然后过筛。"研碎的物质分为三部分：一是木材，可以用作燃料；二是尘土（khad），卖给制作手镯和玩具的人；三是真正的颗粒状虫胶，也叫作'虫胶籽'。"将虫胶籽放入石槽中，用水浸泡24小时后，一个人要踏进石槽，赤脚踩压虫胶籽，使其碎裂，变成更细小的颗粒。石槽中的水变成深红色。人们会将虫胶颗粒反复浸洗，直到所有颜色都褪去，之后把这些虫胶籽摊开在阳光下晒干。

干透的虫胶籽被放进细长的布袋中，布袋有10到12英尺长，2英寸宽……两名操作工人将这些蠕虫般细长的布袋架在露天的炭火上，然后扭转袋子，让熔化的虫胶缓缓地从布袋中渗出。

在虫胶熔化的过程中，工人会不时用到三种工具：用一根长长的火钳去拨弄火堆，用木瓢舀水洒在火堆前面的地上，用一柄铁制刮刀从布袋外面刮下熔化的虫胶。熔化的虫胶滴落到下面铺开的一片菠萝叶子上。待虫胶凝结之前，另一名工人走过来拿起虫胶，用脚踩住两端，再用牙齿和双手将虫胶向上拉，把它拽成薄片状。

每片虫胶经过干燥后被掰成更小的薄片，"为更方便船运，它们被装进袋子或箱子中，此时它们被冠以商品名'虫漆'（Shellac）"。克兰德尔说，这样的原始加工方式已逐渐被机器取代。不过，机器加工的虫胶在质量上不如 T. N. 品级（truly native grade，即正宗本地品级）的虫胶。

考恩写道，从虫胶上冲洗下来的深红色物质被制成了一种染料，该染料"在加尔各答生产并被运往英国……1806年以及随后的两年中，印度大厦（India House）的这种染料销量已跟胭脂虫染料齐平，高达50万磅"。他还提到，东印度公司"廉价买入了由这种染料和胭脂虫染料合染的红色衣物，而衣物的色彩却毫不逊色"。但如你所知，胭脂虫仍然有少量的使用空间，而虫胶染料的市场已荡然无存。

据罗伯特·L. 麦特卡夫（Robert L. Metcalf）和罗伯特·A. 麦特卡夫（Robert A. Metcalf）说，虫胶的用途很多，而且至少有几千年的历史。虫胶可制成珠子、纽扣，通过与细沙混合，能制成金刚砂。虫胶浸在酒精中溶解后，就变成了人们常说的虫漆，即一种清漆。过去虫漆在高档家具和其他木制品的加工方面是非常重要的。但如今它已被人造聚氨酯大量取代，原因之一是一旦有水泼洒在上面，虫漆会变成不透明的白色，而聚氨酯漆则不会。

本章要讲的第三种昆虫可能让你出乎意料，那就是蜣螂，即古埃及的圣甲虫。我们先来了解火漆蜡的用途和使用方法。火漆蜡

---

* 英国东印度公司的伦敦总部。

通常为棍棒的形状，使用时持于文件上方，漆棒的前端随点燃的火焰逐渐熔化，待蜡滴到文件上，用刻有印面的压模或压纹机按压，这种压模被称为印章。中世纪以后，印章通常是由青铜、白银或其他金属制成。古时的印章也可能是金属制的，但在古埃及和亚述帝国，人们通常用石块或烧硬的黏土来做印章。无论什么材料的印章都会刻有签名或独特的图案，比如一组手臂状的图案。图案被雕刻在印章表面，将印章按压在熔化的蜡上时，就会产生浮雕一样的图案。在古埃及，戒指的切面上经常会雕刻印章。这种图章戒指或印章戒指在中世纪的欧洲也非常重要。比如有一枚巨型的镀金青铜戒指，上面刻有圣彼得垂钓的图像，它从古至今都被主教用作官方文件的封印。

这些种类的印章都曾被广泛用来鉴定文件、表明身份，加盖于信封边口以防有人篡改信件内容，以及在信封发明前用来封盖折叠的信纸以保障隐私。如今，火漆蜡虽很少有人使用，但仍然存在。最近，一家办公用品店告诉我，他们目前没有火漆蜡，但可以订购，一两周后就可以帮我弄到手。那天晚些时候，我在一家工艺美术品店里的一堆新娘用品中，找到了成盒的中国产的白色、银色和金色的火漆蜡。每支蜡棒都有蜡芯，可以点燃，用来熔化火漆蜡。印有新娘姓名首字母的蜡滴，可以装饰婚礼请柬的信封。这家商店还卖刻有字母的印章，它们同样产自中国。

在中世纪的欧洲，火漆蜡是用蜂蜡和一种叫作威尼斯松节油的物质混合制成的。这种物质跟我们如今所说的松节油不是一回事，它是一种浓厚黏稠的树脂，来自松树或笃耨香树，后者是一种和漆树近缘的小树。（松节油的英文 turpentine 便是从这种树的名字衍生而来。）16 世纪早期，当来自亚洲的虫胶首次在欧洲亮相后，就取代了蜂蜡和威尼斯松节油的混合物。不管以何种配方制成，火漆蜡通常都是有颜色的，有时是绿色的，有时是鲜红色的，这种红色极可能来自于胭脂虫。

哈里·韦斯（Harry Weis）说，古埃及遗址中存在着大量圣甲虫（神圣粪金龟，*Scarabaeus sacer*）的小型雕像。我们之后将会看到，这种屎壳郎对于古埃及人来说是一种重要的宗教象征，同时也可作为印章。珀西·纽伯里（Percy Newberry）在 1905 年首次出版的《古埃及的圣甲虫》（*Ancient Egyptian Scarabs*）中提到，圣甲虫雕像通常有四分之三英寸长，半英寸宽，四分之一英寸高，偶尔用黄金或象牙、有时用烧制的黏土制成，不过最常见的是用石头雕刻而成，比如质软易处理的滑石（皂石），甚至也用质硬的石头，如绿玄武石、花岗岩、青金石、紫水晶、碧玉或玛瑙。雕像上部的凸面是一只经过艺术化处理的圣甲虫刻像，雕像的底面通常刻有象形文字，往往是雕像所有者的名字。

在希腊罗马时期早期（公元前 323 年到公元 30 年）的埃及，

仍然能买到圣甲虫雕像。厄巴纳州的伊利诺伊大学斯珀洛克博物馆负责人道格拉斯·布鲁尔（Douglas Brewer）告诉我，当时圣甲虫雕像很有可能作为印章和火漆蜡一起使用，而火漆蜡是由罗马人引进的。在那之前，圣甲虫雕像的"拍档"不过是一种软质的黏土。韦斯说，"在古代文明遗址中发现了大量带压纹的黏土碎片，它们曾被用来封印盒子、花瓶和袋子"。例如，在蜂蜜罐的塞子和瓶口处包裹一层印有物主印章的黏土，从而保护蜂蜜遭窃。将布袋的绳端封在印了图案的一小团黏土中，也可以保护袋中的东西。在莎草纸上写上文字，卷起来用绳子绑好，再用类似的方式封印，也能免受别人的打探。

圣甲虫跟很多种蜣螂一样，会滚出一个很大的圆形粪球，可能比自己的身体还要大。它们在地上将粪球滚到一个合适的地点，挖个洞，放进去，在粪球中产一枚卵，然后用泥土将洞掩埋起来。从卵中孵化出来的幼虫以粪便为食，发育成熟时会蜕变成蛹；从蛹中蜕出后，成虫从泥土中挖出一条路爬出来。韦斯告诉我们，古埃及人相信科佩拉神（Khepera）使太阳像圣甲虫在沙上滚动粪球的方式那样运行，他们称圣甲虫为 Kheper。有时科佩拉神会被描绘成一个人的形象，头上有一只圣甲虫，或者干脆用圣甲虫来代替头。这种甲虫也代表从木乃伊中出窍的灵魂，就像年轻的成年甲虫从地下爬出来飞走那样。古埃及人相信，它们飞往太阳和天穹。因此，这种甲虫被视作重生和不朽的象征。

下一章我们将会看到，在某种程度上，昆虫在人类通过书写进行交流的过程中曾经并仍然发挥着重要作用。我们将了解胡蜂如何造纸，以及发明造纸术的中国人是如何通过观察胡蜂而学会造纸的。我们还将知道胡蜂如何制造虫瘿，以及栎树上的某些虫瘿是如何在墨水制造中发挥功效的。

第六章

白纸黑墨

诺亚的子孙曾经说的是同一种语言，直到后来他们开始建造通往天堂的巴别塔。《创世记》告诉我们，他们的傲慢激怒了上帝，因此上帝将他们四散在地球上，并"打乱他们的语言"，让他们不再能理解彼此所说的话。据科学作家安德鲁·劳勒（Andrew Lawler）说，世界上确实有近 7000 种语言。（但根据杰西卡·埃伯特［Jessica Ebert］的报告，一个世纪以后，至少有一半语种将会消失。）数千年来，只有不到 100 种语言具备能够书写的文字。例如，曾被古罗马人用来书写拉丁语的字母已经存在了两千多年，是当今多种语言的构成基础，如意大利语、西班牙语、葡萄牙语、法语、加泰罗尼亚语、英语、德语、瑞典语、冰岛语，甚至土耳其语。虽经历了外敌入侵、宗教动乱、语言变迁和新语言的引进，但这些字母依然沿用至今。劳勒引用杨百翰大学人类学家史蒂芬·休斯顿（Stephen Houston）的话说："字母中蕴含着如此强烈的情感，它们会比理应延续的时间存在得更久。"

查尔斯·霍格写道，昆虫曾在某些书写系统中充当过象征符号，"昆虫的形象曾经被转化成为古埃及……玛雅和中国书写系统中的象形文字"。J. H. 蔡（J. H. Tsai）说，在中国商代（公元前 16 世纪到公元前 11 世纪）的墓葬中，"被当作纸张的龟壳上刻有代表'丝'、'蚕'和'桑树'的表意文字"。龟壳上还有表示某种蜜蜂和蝗虫的文字。著名的环境保护学者爱德华·O. 威尔逊（Edward O. Wilson）写道："'蚁'这个字是由两个汉字巧妙地组合而成，一个代表'昆虫'，另一个表示'忠义'。"这个汉字表明蚂蚁这种社会性昆虫彼此之间非常"忠诚"，而且存在紧密的联系。在每一个例子中，都可以看出这些文字符号或多或少是从昆虫的现实形象演化而来。霍格说，古埃及人的文字中包含代表圣甲虫、蜜蜂和蚱蜢的象形符号。一个象形符号要么代表一个字，要么代表一个读音——后者在某种程度上非常像英语中的图形字谜。例如，一幅蜜蜂图片后面跟着一幅树叶图片，可以表示英语单词 belief。

人们想出各种方法将语言以文字形式记录下来。5500 多年前在现今伊拉克所在地区，苏美尔人在柔软潮湿的黏土板上用芦苇做的笔刻下楔形的符号（楔形文字），之后放入窑中烧制。埃及的象形文字始于约 5000 年前，被人们用芦苇刷和煤灰制成的墨水书写在莎草纸上。莎草纸是将纸莎草的茎放到一起压平做成的，跟现代的纸很像。（罗伯特·克莱本 [Robert Claiborne] 写道，这种草的名字 [papyrus] 就是纸 [paper] 这个单词的来源。）大约两千年前，古代日耳曼人开始在榉木薄板上刻下如尼文。人们也会用绳条将这些薄板串绑起来，做成所谓的 buch，这个词在日耳曼语中既指榉树又指书，它的日耳曼语词根也演变为英语中榉树和书这两个单词。

距今约 2600 年前，尤卡坦半岛和中美洲的玛雅人在类似纸的书写表面刻下了他们的象形文字。查尔斯·盖伦坎普（Charles Gallenkamp）说，玛雅人的书，即所谓的"古抄本"（codices），其实是一张很长的"纸条"。这张"纸"是用天然树胶将敲扁的植物纤维黏合在一起做成的，纸的两面涂有白色的石灰。玛雅人用植物和矿物颜料在纸上写下复杂的象形文字后，将手稿折叠起来，再粘上木质或皮质的封面。盖伦坎普指出，16世纪中叶西班牙人肆意破坏了玛雅人的古抄本，相当于剥夺了未来学者的知识宝藏。他讽刺地指出，"宗教裁判所的精神"在方济各会修士迭戈·德·兰达（Diego de Landa）的"心中熊熊燃烧"。兰达曾被玛雅人拒绝放弃宗教信仰的顽固态度激怒，于是下令在玛尼镇广场上公开焚烧图书馆里的"异教"古抄本。

对于古代先民而言，由100多只墨西哥蝴蝶的毛虫合作织出的丝巢，是绝佳的书写介质。这种蝴蝶名叫聚油粉蝶（*Eucheira socialis*），是一种数量极少的群居性筑巢蝴蝶，与之非常近缘的蛾子中也有很多这样的群居物种。彼得·凯万和罗伯特·拜伊的报告称，跟寄主专一、只吃桑叶的蚕一样，聚油粉蝶的毛虫只吃一种草莓树（*Arbutus*）的叶子。理查德·佩格勒写道："阿兹特克人把这种昆虫叫作 xiquipilchiuhpapálotla，意思是织袋子的蝴蝶。"他描述说，"帐篷壁"的质感和颜色很像羊皮纸，由于织得极为紧密而结实，可以用一把锐利的小刀轻松裁开。在西班牙征服时期的墨西哥，人们将这种丝织品作为书写的纸张。弗兰克·考恩写道："这种群居性毛虫巢中的丝……是蒙特祖马时期的一种商品；古代墨西哥人将毛虫巢的内层粘起来，做成洁白而光滑的'纸板'，在需要书写时便可随时取用了。"

真正的纸张早在公元前 200 年或者更早就由中国人发明出来了。这项工艺向西方传播得非常缓慢。直到中世纪，欧洲的抄写员还在用绵羊皮或山羊皮制作的羊皮纸誊抄书稿。但到了公元 14 世纪，纸张已在欧洲广泛使用。几个欧洲国家已经有了造纸作坊，纸张迅速取代了羊皮纸。最初，纸张是手工生产的。人们将木头或其他植物加水捣碎并制成纸浆，再用细格的金属丝网筛捞起纸浆，形成薄薄一层纤维；然后将这层纤维压平，滤去大部分水分；最后将其充分晾干，就制成了纸。尽管现在造纸工艺已高度机械化，但这些最基本的加工过程却从未更改过。由于当时的文档和书籍只能通过手工抄写得到复制，相对而言纸张很少得到生产和使用。大约在公元 1450 年，约翰内斯·古腾堡（Johannes Gutenberg）独立发明西方活字印刷术后（此前，11 世纪时中国曾发明过活字印刷术），书籍变得不再昂贵，人尽可得，于是对纸张的需求也急剧飞涨。1993 年，仅美国造纸业产值就高达 1290 亿美元。

关于中国人是如何学会造纸的，主要有两种说法。一种说法是妇女们将洗衣服后留下的布绒收集起来，晾干后制成了纸张。另一种说法是人们观察胡蜂得到了启迪。群居性的造纸胡蜂将木头纤维咀嚼磨碎，用它们的唾液将其混合成纸浆，制成建巢用的纸，这种现象或许是造纸术的灵感来源。我更喜欢第二种说法。

最为大家所熟知的纸蜂巢由黑白相间的白斑脸胡蜂所建，我们在第四章已经提到过。你可能见过这种略带灰色的足球形蜂巢，直径约 14 英寸，长达 24 英寸，常常挂在树枝上或灌木丛中。冬天树叶凋零，这些被丢弃的蜂巢显得格外引人注意。我们已经知道，蜂巢由多层纸膜包围形成的一个巨大的空间，其中水平排布着几列纸巢脾，每个巢脾里都有很多六角形巢室。蜂王在每个巢室中产下一枚卵。卵孵化出的幼虫由不育的工蜂喂食昆虫长大，到了夏天，蜂巢中就会增添更多不育的工蜂。秋天，蜂巢中会诞生一大群可生育的蜂王和一年中的第一批也是唯一一批雄蜂。工蜂们很快死去。雄蜂在与一只或多只蜂王交配后也会死亡，而蜂王会在悬崖裂缝或空心的树干等庇护所中挨过冬天。到了春天，蜂王会找到新的巢址，建一个小的蜂巢，重新开始上述过程，并亲自哺育第一窝数量较少的工蜂。

搭建蜂巢时，工蜂们要采集木纤维。在蜂王养大第一窝工蜂前，这项工作将由它亲自完成。木纤维的来源是枯树或篱笆上那些经历了风吹日晒但品质仍旧良好的木头，或腐烂的木材和非木本植物。J. 菲利普·斯普拉德伯里（J. Philip Spradbery）解释道，当胡蜂工蜂（所有工蜂都是不育的雌性）采集到足够多的纸浆时——所谓"足够多"是指和它的头大小相当的一颗纸浆球——它就会将纸浆球含在上颚中飞回蜂巢。到达蜂巢后——这时它应该是停在蜂巢

冬天，树叶凋落后，很容易看到纸制的大型胡蜂巢。

外部的纸膜上——工蜂充分咀嚼纸浆，用唾液混合木纤维。然后它一边后退一边从上颚中吐出纸浆，将它像一张窄纸条一样压叠在原先纸膜的边缘。用完自己储备的所有纸浆后，它会"回到刚刚工程的原点，将湿润的纸浆压展成更平顺更规整的纸片"。它不断重复这样的工序，直到制作出一张足够大的薄纸片。纸片一两分钟后就会干透。蜂巢内部的纸则是不同颜色的新月形窄纸片组成的"拼布"——工蜂从历经风雨的木材上采集而来的纸片是灰色的，从腐烂木材上采集的纸片是深浅不一的棕色或栗色，若纤维来源于某种非木本植物，则几乎是白色的。

如果没有墨水用来写信和印刷书籍、报纸和杂志——包括每年圣诞季塞满我们邮箱的那种烦人的销售目录，纸张也就用处不

白斑脸胡蜂将纸浆填补到蜂巢外面的纸片上。

大了。每一张纸币也都是用墨水印在纸上制成的。在我们的印象中纸张和墨水是密不可分的。如果在一场词语联想测验中有人说了"纸",那么回答很可能是"笔"。一支笔,当然就是将墨水付诸纸上的工具啦。或许你会感到惊讶,从公元前 5 世纪古希腊时期起,某些昆虫就对大部分墨水的制作起到了至关重要的作用。这一说法所涉及的昆虫是一种小型胡蜂,它们会让植物——尤其是栎树——形成肿瘤状的突起物,即虫瘿。这种虫瘿的提取物就是大部分永久性墨水最重要的成分。

"让你的墨水具备充足的虫瘿。"这是莎士比亚《第十二夜》中托比爵士所说的话。他建议安德鲁爵士为了得到一位女士的爱而写信向他的情敌发出挑战,进行决斗。他们不知道的是,这位情敌实

一种小型胡蜂导致了栎瘿的形成。栎瘿是栎属植物叶子上的虫瘿，直径约两英寸。

际上是女扮男装的——如此便致使决斗无效。不管怎样，安德鲁爵士得到的建议是"用无尽的墨水去嘲笑他"，以及本段开头的著名语句。这句熟悉的台词包含了一个聪明的双关语。Gall 在英语中有两种不同的含义。事实上，它们对应的是两个不同的单词。一个是galla，来自于拉丁语，意思是由昆虫引起的植物虫瘿，指安德鲁爵士写信所用的墨水；另一个是gealla，来自古英语，指胆汁或愤怒，暗指安德鲁爵士提出挑战时所需要的震慑人心的魄力。

虫瘿是一种长在植物上的不规则瘤状突起物，可能由病毒、细菌、真菌、特定的蠕虫或老鼠造成。不过大多数还是由昆虫造成的。据 P. J. 格兰（P. J. Gullan）和 P. S. 克兰斯顿（P. S. Cranston）说，大概有 13,000 种这样的昆虫。造成虫瘿的昆虫，跟大多数植食性昆虫一样，往往是挑剔的食客，会选择少数几种近缘的植物，而且通常只吃植物的某一特定部分：叶、茎、芽、花或根。总体而言，虫瘿制造者会打造出该昆虫种类独创的虫瘿特点，人们通常也可以从虫瘿的形态和寄生植物的种类来判断虫瘿制造者的具体身份。制造虫瘿的昆虫中有一部分是蚜虫、蓟马、象甲（象鼻虫）和蛾类。但我们从亚瑟·韦斯（Arthur Weis）和梅·贝伦鲍姆那里得知，17世纪北美制造虫瘿的昆虫中有70%属于两大类：一类属于蚊蝇（瘿蚊科），一类属于瘿蜂（瘿蜂科），后者造成的虫瘿可以制成墨水。

虫瘿的起源直到17世纪才被英国人马丁·利斯特（Martin Lister）和意大利人马塞洛·马尔皮基分别发现。玛格丽特·费根评论道：

数百年以来，在虫瘿的真正起因揭晓之前，人们已注意到虫瘿，并在疾病治疗领域给予它一席之地，如同大多数其他植物成分一样。人们对虫瘿起因的无知引发过种种奇怪的迷信和风俗，甚至在学者中也是如此。尤其在中世纪，虫瘿被郑重其事地记录为超自然的生长物，作为预测来年大事件的手段。人们认为虫瘿中包裹的是一只蛆、蚊蝇或蜘蛛，这三种情况分别代表着某种不幸。如果虫瘿中的住客是蛆，来年则会有饥荒；若是蚊蝇，则会有战争；若是蜘蛛，则有瘟疫。这种想法被记载和奉行了好几个世纪，甚至在马尔皮基在西方世界发现并揭示了虫瘿的真正起源之后，人们仍然这样认为。

瘿蜂造成的虫瘿始于一只雌瘿蜂用它尖锐的产卵器将一枚卵刺入特定种类的植物组织中。这种瘿蜂具有坚定不移的寄主植物专一性。1940 年，伊弗雷姆·费尔特（Ephraim Felt）报告说，当时已知的 805 种美国瘿蜂中有 750 种只选择栎树作为寄主。它们对于产卵时所选的植物部位一样挑剔。大约 32% 的种类选择叶子，22% 选择树枝或其他木质部位，剩下的将卵产在根、芽、花或果实中。艾尔弗雷德·金赛（Alfred Kinsey）说，瘿蜂属（*Cynips*）是瘿蜂科下的一个分支，包含很多种瘿蜂，它们全都选择栎属植物。只有少数几种栎树可以被瘿蜂使用，没有适用于所有瘿蜂的树种。几乎所有的瘿蜂属昆虫都将卵产在树叶里。

（艾尔弗雷德·金赛值得一点补充介绍。尽管他因研究人类性行为而扬名，其实他却是作为昆虫学家和研究瘿蜂的顶级专家而开始职业生涯的。1929 年，他出版了一部 500 页的科学专著，介绍美国当时已知的 93 种瘿蜂，至今仍然有指导意义。1942 年，他担任印第安纳大学性研究所的所长，最终发表了著名的《金赛报告》，包括《人类男性的性行为》[*Sexual Behavior in the Human Male*，1948] 和《人类女性的性行为》[*Sexual Behavior in the Human Female*，1953]。）

虫瘿的生长及其特质构成了昆虫与植物之间的互动：昆虫会

分泌促进虫瘿形成的刺激物，而植物通过改变自身惯有的生长模式来回应刺激。虫瘿的大小、形状和其他特性都不尽相同，不过瘿蜂刺激虫瘿生长的方式具有其种类的典型特点，很多情况下可以通过虫瘿的特征来判断制造者的种类。例如，瘿蜂在叶片上制造的虫瘿因瘿蜂种类不一而形状各异。其中有我们熟知的栎瘿，外壁光滑、球形，和一个乒乓球差不多大；有略小的球形虫瘿，外壁布满短刺，如同一只刺猬；还有又细又长的牛角状虫瘿。

"这个肿块里发生过各种惊心动魄的事情后，"布莱恩·霍金（Brian Hocking）这样描述瘿蜂，"如果没有被某些贪得无厌的墨水生产者控制发展的话，最终将会有一只（瘿蜂）从中钻出，在虫瘿表面留下一个小小的圆孔，纪念它的远走高飞。"这件事并非总是如此简单——或者说通常都不简单。就我保存在实验室玻璃罐中的大部分虫瘿而言，里面冒出了几种不同的蜂——通常 5 到 6 种，有时 10 来种。其中可能只有一种是虫瘿制造者，而其他成员很有可能是在别人的虫瘿里白吃白喝的食客，也有可能是虫瘿制造者或吃白食者身上的寄生虫，甚至可能是寄生虫身上的寄生虫。

各式各样的虫瘿通常都由几层不同的组织构成，其内部和外部的结构都有可能是不同的。金赛详细描述了极其复杂的构造虫瘿：他认为共有 5 层组织，而其他昆虫学家只看出 4 层。幼虫栖息的空腔周围是营养层，富含蛋白质、糖分和脂肪，可供幼虫食用；营养层外是一层坚硬的保护层；保护层外有一层海绵组织，金赛认为这是两层独立的组织；最后，是虫瘿的外壁，可能很光滑，也可能长有毛刺之类的附属物。

公元前 3 世纪时中国人发明了纸张，在此之前至少 200 年，墨水就被用来在羊皮纸和莎草纸上书写了。霍金告诉我们，古希腊人"通晓五倍子（虫瘿）的特性。他们将虫瘿放入沸水中，提取出一种墨黑色的溶液，之后将铁溶于酸中与其混合，得到的产物……就是 2000 多年来商业市场上的主要书写用墨水"。关于五倍子墨水的制法在各地广泛传播。费根写道，这种墨水在中世纪的欧洲颇为有名，9 世纪和 10 世纪的修道士就是用这种墨水誊抄书稿的。

考恩解释说："商用虫瘿，通常被称为五倍子，产自没食子树（*Quercus infectoria*）——一种生长在黎凡特（中东）的栎树，由蓝瘿蜂引发……这种虫瘿对于艺术创造产生了重要影响，在染色和墨水及皮革生产方面均有广泛应用。"这种虫瘿通常被称为阿勒颇虫瘿，以叙利亚的城市命名，至今一直在中东采集以作商业用途，只是规模已大幅度减小。虫瘿跟胭脂虫一样，已经在很大程度上被人造产品取代。

在水中熬煮阿勒颇虫瘿——或任何栎瘿——可提取鞣酸，因为这种虫瘿中的鞣酸浓度罕见地高：据费尔特说，高达 65%。在酸中溶解铁会产生铁盐，比如硫酸铁，通常将其与鞣酸溶液混合制成墨水。用这种蓝黑色的墨水在纸上书写时，刚开始只是隐约可见，但很快会加深，并且字迹不溶于水，具有永久性。加入染料后，可使墨水颜色更深，书写时字迹会更快显现。直到今天，鞣酸仍是蓝黑墨水的基础用料，而人造染料是可水洗彩色墨水的唯一染色剂。但强烈的光线会让人造墨水褪色。

五倍子墨水成为长期保存文档的必备记录工具。费根写道：

> 从 9 世纪开始直到今天（1918 年），五倍子已被列入每一种上佳墨水的配方之中。被认为最适于制造墨水的当属阿勒颇虫瘿，其他重要的虫瘿有摩里亚虫瘿、士麦那虫瘿、马莫拉虫瘿、伊斯特拉虫瘿，法国、匈牙利、意大利、塞内加尔、巴巴里地区等地亦出产优质虫瘿。
>
> 1891 年，马萨诸塞州记录委员会发布了一份关于记录用墨水和纸张的报告，在其中证实了五倍子墨水的优越性。据说如果制法得当，五倍子墨水可以永久保存，且另有一个优点：即便字迹真的褪色，也可通过一种五倍子或鞣酸溶剂进行修复，使字迹重现。若用其他染色成分部分或完全取代五倍子和铁盐溶液，则将有损墨水的质量。

费根补充道，五倍子是最佳的记录用黑色墨水的必要成分。阿勒颇虫瘿被指定为美国财政部、英格兰银行、德国总理办公室和丹麦政府所用墨水的必备配方。

✳

　　印刷过程不仅能够复制文字，也可以复制图画——正如我们都听说过的，一幅画胜过千言万语。复制图画的最佳方法之一是所谓的平版印刷术，在印刷过程中，蜜蜂分泌的蜂蜡起着重要的作用。平版印刷的蜡笔最初就是由蜂蜡做成的。最理想的作画平面是从巴伐利亚开采的石灰石经过打磨的光滑表面。（人们曾在巴伐利亚的采石场发现过始祖鸟的化石，这种动物被称为爬行动物和鸟类之间"缺失的一环"。）印刷之前人们先让这种石头吸饱水分，水可以打湿石头却无法沾湿油乎乎的蜡质图画。将蘸有油墨的滚筒轧过石板时，油墨就附着在了蜡质图像上，由于水和油不相溶，油墨不会沾到湿润的石板表面。然后将一张纸压在石板上就可以制成一份印刷品。

✳

　　下一章我们将深入了解人们所吃的昆虫。如同占世界人口四分之一的那些西方人一样，你可能从来没有心安理得地吃过昆虫。然而，来自于大多数其他文化的人们却真的会吃昆虫——通常并不是因为他们饥不择食，而是因为他们喜欢昆虫，并将其视为一种珍馐美馔。

第七章

虫子大餐

伊利诺伊州博物学研究所的昆虫学家们在举办派对，门边迎接我的东道主手里捧着油炸毛毛虫。这些毛虫又肥又大，是谷实夜蛾的幼虫，有时能在甜玉米的穗壳里见到它们大嚼顶端的嫩芯。我和其他客人都被催促着尝尝滋味。虽然它们看上去有些诱人，跟薯片一样棕黄爽脆，可我压根儿不想吃。如同几乎所有西方文化中的人们一样，我此前从未想过要吃昆虫，此刻也毫无欲念。但经不住几番怂恿，我终于捏起一只，满心惶恐地丢进嘴里。倒是蛮脆的，味道不错！跟很多其他客人一样，我又要了一些来吃。油炸毛毛虫大概像爆米花一样，会让人上瘾。

古希腊人和古罗马人常常食用昆虫。文森特·霍尔特（Vincent Holt）说，古希腊人特别喜欢蝉的微妙口感，尤其是"满腹蝉卵的"雌蝉。在古罗马，讲究饮食的人"为做出美食，习惯用面粉和葡萄酒喂肥（大型甲虫的）幼虫"。《圣经》教导以色列人说："你们可以吃这种四脚动物身上的长翅爬虫，它们的脚的上方有腿，是用来在地上弹跳的；你们甚至还能吃蝗虫和蟋蟀。"（《利未记》11：21-22。）这则例外很实用，尽管它违背了《旧约》中禁止吃所有其他"长翅爬虫"的教义。说它实用，是因为中东持续发生的蝗灾几乎吞噬了所有绿色植物，摧毁了所有庄稼。那么，何不在闹饥荒时，食用毁坏庄稼的蝗虫果腹呢？引起灾害的蝗虫数量堪比天文数

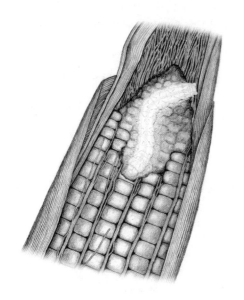

一只谷实夜蛾的幼虫正在甜玉米的顶端大嚼嫩芯。

字，因此轻易就能捕获到大量蝗虫，将其晒干后即可长期储存。蝗虫富含营养，如果合理烹饪，也会十分美味。

　　而如今，许多西方人对食用昆虫怀有毫无缘由且莫名其妙的偏见，就像我之前一样，认为昆虫是不干净、令人作呕和恐怖的食物。赫伯特·诺伊斯（Herbert Noyes）在 1937 年所写的一段傲慢无礼的话，恐怕是很多持有此类偏见的人的想法："在演化到现阶段并能意识和欣赏自己在宇宙中至高无上的地位之前，人类是吃白蚁的。而人类的那些缺乏教养的黑亲戚们至今还在做同样的事。"我们禁不住要问，这样的偏见从何而来？西方国家的文化虽受到

《圣经》文字的锻造，却缘起于古希腊和古罗马文明，那时的人们是懂得享用昆虫的。况且我们爱吃的龙虾、小龙虾、螃蟹和对虾都是昆虫的节肢动物亲戚，还被人们称为"海洋里的昆虫"。另外，除了西方人之外，中国人、日本人和其他文化中的人都将昆虫当作美味又营养的食物。英国昆虫学家理查德·韦恩－赖特（Richard Vane-Wright）在报告中称，在非洲时，他三岁大的女儿对油炸毛毛虫欲罢不能。他也写道，女儿对食物的偏好只是尚未受到西方偏见的左右而已。

1885 年，霍尔特讲述了一个发人深思的故事，证明我们对食用昆虫的偏见有多么强烈和普遍。《马可福音》(3：1，4)告诉我们，施洗者约翰的食物是蝗虫和蜂蜜。某些研究《圣经》的学者心存偏见，不遗余力地想证明为耶稣施洗的人不可能做出那种难以想象的事情。在他们看来，岂能将蝗虫这种恐怖的动物当作食物吃下去呢？尽管中东人民至今仍将蝗虫当作美食这一事实众所周知，但那些学者还是通过冗长而复杂的争辩，提出了似是而非的观点：被翻译成"蝗虫"的那个词（locust）应该被译成"可食用的角豆树种荚"才对。多年后，J.贝克特（J. Bequaert）被一名希腊东正教神父告知，他从未将单词 locust 解释成除"蝗虫"外的任何意思，神父甚至对有人以为它是植物的观点嗤之以鼻。

如果将中东人和美国人对蝗虫迁徙造成饥荒的两种态度进行对比，那么西方对吃昆虫心存偏见的不合理性则不证自明。（19世纪时，有一种迁徙性的蝗虫——现已灭绝——常会破坏美国中西部农民的粮田。）美国早期伟大的昆虫学家之一查尔斯·瓦伦丁·赖利曾在报告中称，1874年一场毁灭性的蝗灾过后，堪萨斯州和内布拉斯加州的很多人"因为缺乏食物而徘徊在坟墓的边缘，而圣路易斯市的报纸报道过密苏里州一些地区因饥饿致死的真实事例"。即便面对饥饿，美国农民也没有考虑过吃蝗虫，他们显然无视了《圣经》的建议。然而赖利的确曾经提议吃蝗虫，他非常清楚自己会受到那些饱受饥饿威胁的人们的非议和嘲笑，甚至是厌恶。

　　不过，昆虫对人类来说真的算有营养的食物吗？有些哺乳动物和鸟类除了昆虫不吃别的，也生长得很健壮，这一事实表明昆虫确实是有营养的。请记住，所有动物包括人类的营养需求基本是一致的，只是对蛋白质、碳水化合物和脂肪的需求比例不同，以及在维生素和矿物质的需求上有些微小的差别。拿北美城市上空来回飞舞的烟囱雨燕来说，白天时它们几乎一刻不停地在飞行，能量消耗巨大；用于补给能量的不是别的食物，正是它们在空中掠捕的昆虫。非洲的土豚能长到130磅重，其食物不过是蚂蚁和白蚁。大部分吃种子的鸟类，如雀类，只给它们发育迅速的雏鸟喂食昆虫，而亲鸟即使在繁殖季节也都只吃素食。（鸟类学家乔斯林·凡·泰恩［Josselyn van Tyne］曾见过一只喙里塞满毛虫的北美红雀停在喂鸟

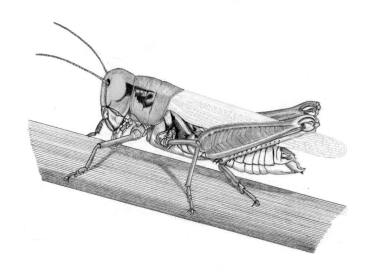

赤腿蚱蜢是北美已经灭绝的一种迁徙性蝗虫的近亲。它正停在一株大须芒草的茎上。大须芒草是美国草原上的原生草种。

器边,它撂下毛虫,吃了些许向日葵种子,而后重新叼起毛虫、飞回巢中,将毛虫喂给幼鸟。)

　　总体说来,昆虫是非常好的维生素和矿物质来源。它们通常含有足够的脂肪和碳水化合物,可以满足大多数动物的热量需求;而且它们富含蛋白质,这是人们饮食中最有可能摄入不足的一类营养物质。罗纳德·泰勒(Ronald Taylor)说,生牛肉、鸡肉和比目鱼的蛋白质含量分别约为18%、22%和21%,而三种最常被人类食用的昆虫中蛋白质比例更高：生白蚁、蝗虫和蚕茧分别是23%、31%和23%。

虽然少数昆虫具有毒性或不适合作为食物，但正如吉恩·德福利亚特（Gene DeFoliart）在1992年所言："人类利用昆虫的漫长历史表明，专门为食用而捕获的昆虫不会造成任何严重的健康问题。"还需提醒自己的是，我们并没有因为知道某些植物有毒就不再吃水果和蔬菜了。

无论如何，我们都在不知情的情况下吃进了昆虫。这是无法避免的。几乎所有的食物都包含少量昆虫或昆虫肢体，因为没有什么切实可行的方法能够在种植、收割、运输、储存和加工农作物的过程中将所有昆虫完全排除。比如，要生产一瓶完全不含昆虫身体组织的番茄酱是有可能做到的，但那所需要的工作量会将番茄酱的价格提升无数倍——可能每瓶售价几百美元。美国食品药品管理局（FDA）非常清楚这点，因此并没有不切实际地要求食物完全去除昆虫"污染"，而是对一份食物可能含有的昆虫数量或昆虫肢体含量设置了一个合法的限制。比如，每100克（3.5盎司）冷冻西蓝花里最多可含60只蚜虫，每100克花生酱最多可含30片昆虫肢体。这些限制，或者说容忍限度，会定期发布于美国卫生与公众服务部的《食品缺陷标准》（*Food Defect Action Levels*）。

西方也有少数人对吃昆虫没有偏见。在1999年发表的一篇全面的综述文章中，德福利亚特写道："即使是西方人，当他们接触到当地原住民最喜爱的传统食物时，也会成为狂热爱好者。"他给出了几个例子。他观察到，最近几年澳大利亚人对"丛林美食"的兴趣逐渐增加，这是一种属于当地原住民的食物，含有多种昆虫。"丛林食品正逐渐引起游客常造访的旅馆和餐厅的关注"，并且登上了悉尼多家豪华餐厅的菜单。深受人们喜爱的一道昆虫美食叫作"巫蛴螬"，据罗恩·彻丽（Ron Cherry）说，这其实是木蠹蛾科豹蠹蛾属（*Xylentes*）的一种大型蛀木毛虫。诺曼·廷代尔（Norman Tindale）说："将这种虫放在热灰烬中稍微焖烧，其美妙的口感令美食家倍感欣喜。"

让我们将目光转向西半球。德福利亚特指出："那种被当地人称为大屁股蚂蚁的切叶蚁是（哥伦比亚的）一道国菜，在价格和美食价值上等同于俄罗斯的鱼子酱或法国的黑松露。"很多人认为，将这种蚂蚁做成烧烤，是"哥伦比亚烹饪界的最高成就"。早在16世纪，西班牙征服者就在克服了最初的反感后，爱上了这道烤蚂蚁。

墨西哥的原住民在西班牙人侵略前就吃各种昆虫，至今仍然如此。欧洲裔墨西哥人已经对其中一些昆虫产生了兴趣。"可食昆虫不仅在乡村市场上很受欢迎，在墨西哥城和其他城市，有些昆虫种类的价格也非常高。不同经济收入的人争相购买，餐馆也将其作为佳肴写入菜单。"德福利亚特写道。比较受欢迎的昆虫食物之一来自一种叫彝斯咖魔（escamoles）的蚂蚁，人们主要吃的是其尚未发育成熟的蛹。将这种蚂蚁蛹与洋葱和大蒜一起烹饪，据说其味道妙不可言。"墨西哥各个社会阶层的人都吃这道菜，并视之为一种特殊的礼遇，这种蚂蚁蛹甚至成为当地歌曲、舞蹈和节日的主题。"德福利亚特写道。墨西哥城的餐馆将这道菜的价格定为每盘25美元。这种蚂蚁已经出口到美国、日本和其他地方。1988年在加拿大，一听含量仅1盎司的蚂蚁罐头售价就要50加元（约30多美元）。

2005年6月23日，美联社在《尚佩恩－厄巴纳新闻公报》（*Champaign-Urbana News Gazette*）上发表专题报道说，墨西哥城的高档餐厅将配有一小块鳄梨酱的一打油炸"龙舌兰虫"卖到了40美元。这种"龙舌兰虫"其实是在龙舌兰的剑状叶片中蛀道的一种弄蝶毛虫。龙舌兰的汁液经过发酵和蒸馏，可制成龙舌兰酒，是玛格丽特鸡尾酒的主要成分。传统做法是将一只这种毛虫放入每瓶龙舌兰酒中，以"证明"该酒是真材实料。一位当地酒类销售店的店员热心地证明说，有些龙舌兰酒瓶中仍会装毛虫，甚至有个品牌的龙舌兰酒在每瓶中装有两只毛虫。这个牌子就是Dos Gusanos（西班牙语，意为两只毛虫）。有时酒商会作假，瓶中的毛虫并非龙舌兰毛虫——有时甚至不是毛虫。

无论在古代还是现代的墨西哥，墨西哥城的市场上常有划蝽（一种水生昆虫）的卵出售。W. E. 蔡那（W. E. China）记录道，墨西哥城周围的湖中，有些划蝽的数量多到惊人，因此它们的成

这是一瓶墨西哥龙舌兰酒，里面有一只
龙舌兰虫。这种毛虫以龙舌兰叶为食。

虫和卵成了人类的一道家常菜。弗里德里希·博登海姆（Friedrich Bodenheimer）报告说，在浅水区放上捆好的灯芯草，这些昆虫很快会到灯芯草上产卵。大约一个月后，每束灯芯草外都裹上了密密麻麻的划蝽卵。人们将灯芯草束从水中捞出、晾干，放在一块布上抽打，将干燥的划蝽卵敲打下来。蔡那写道："人们或单独烹煮划蝽卵……或加上肉做成糕饼，佐以青椒食用。"

现代亚洲国家的人，比如中国人和日本人，对于吃昆虫并无偏见。整个亚洲东部各个阶层的人都会吃昆虫，他们通常将昆虫当作美食享受，而非出于饱腹需要将其作为主食。

田鳖就是一个很好的例子。这种昆虫体长可达 3 英寸，以水生昆虫甚至小鱼为食。缅甸、中国、印度、印度尼西亚、老挝、泰国和越南的人们常常食用田鳖。1969 年，罗伯特·彭伯顿（Robert Pemberton）在泰国一片水稻种植区看见大量田鳖在飞行时被人们捕获。据 W. S. 布里斯托（W. S. Bristowe）说，这种昆虫在泰国被称为曼达（mangda），属于极品美味，"要被运送到曼谷的王子们的餐桌上去"。曼达可以被蒸熟，浸在虾酱中，然后掰开吃，就像吃螃蟹那样。据说它的味道很像戈贡佐拉奶酪。彭伯顿在加州伯克利的泰国市场上发现了曼达，每只售价 1.5 美元。他说，泰国人会制作一种叫 nam prik mangda 的调味品，做法是"将整只田鳖和盐、糖、大蒜、葱、鱼露、柠檬汁及泰国辣椒放在研钵中，用研杵捣碎"。这种酱通常用作蔬菜的蘸酱和米饭的浇头。

日本人把昆虫视为精致而特别的美味。德福利亚特在 1999 年写道："在日本，从古至今人们吃得最多的昆虫是稻田里的蝗虫……油炸后蘸一点酱油，日语叫作佃煮昆虫（inago）。"1946 年到 1947 年，我随占领军抵达东京，看见街头摊贩摆出大篮大篮的干蝗虫售卖。那时还没有广泛使用 DDT 这种"神奇的杀虫剂"。后来杀虫剂的使用让蝗虫形迹寥寥。最近几年杀虫剂的使用率已降低，蝗虫数量有上升之势，"佃煮昆虫重新出现在人们的餐桌、超市和饭店，但依然是一种奢侈的美食"。

蜜蜂或胡蜂的幼虫，日语叫 hachinoko，意为"蜂之子"，是现代日本仅次于佃煮昆虫的一道奢侈美味。一位日本的动物学教授向查尔斯·雷明顿（Charles Remington）讲述了一种采集胡蜂幼虫和蛹的方法。先用一根长棍将少量火药捣进地下蜂巢中，然后点燃导火索，引爆火药，使胡蜂被震晕从而不会蜇人。这时即可收集幼虫和蜂蛹。可以生吃，也可以用酱油烹煮后盛放在米饭上食用。德福利亚特引述一位日本作家的话写道，1987 年病入膏肓的裕仁天皇已吃不下大部分呈贡的食物，却就着一盘胡蜂幼虫吃完了一碗米饭。彭伯顿和 T. 山崎（T. Yamasaki）提及，1990 年东京著名的三越百货所售的一罐"胡蜂子"牌胡蜂幼虫重约 3.5 盎司，售价 20 美元。他们评论说："这种昆虫和其他古老食材让早期的日本甚至东京在钢筋水泥丛林和速食餐馆中保持了生机和活力。"

在亚洲大部分地区，可以说只要是丝绸产地，丝线从茧上抽出后所剩的蛹都不会被白白浪费掉。它们可以吃。罗纳德·泰勒注意到抽茧车间里往往散溢着美好的食物香气。空气之所以美味，是因为只有将茧抛入热水中才能将丝线抽出来。这一步骤足以烫熟蚕蛹。泰勒写道："那些抽丝的女孩们面前摆着大堆刚刚煮熟的食物，所以她们在工作日的漫长劳作中会吃个不停。"

没有落入女工腹中的大量蚕蛹被当作新鲜食材运到市场，或晒干保存起来，留作未来的食物储备。无论怎么吃，它们都是一道美食。泰勒说，新鲜蚕蛹有各式各样的烹调方法：可以用油炸透，撒上"柠檬"叶或盐；可以用水熬煮蚕茧，加入卷心菜，做成美味的汤。博登海姆告诉我们，干蚕茧可以先用水泡软，与鸡蛋一起做成煎蛋饼，或用洋葱和酱料简单翻炒一下。

蚕茧的产量不容小觑。每年在印度，干制脱脂蚕茧被研磨加工成2.2万吨食物，售卖给人吃或者用来饲喂家禽。德福利亚特说，蚕茧富含蛋白质：干蚕茧的蛋白质含量为63%，脱脂蚕茧食物约为75%。

西方人对食用昆虫的偏见导致了两种不幸的后果。第一种倒是无关紧要：西方人失去了享用某些真正美味又营养的食物的机会。第二种后果目前看来更严重，就是第三世界吃不饱饭的人们——哪怕并非完全不情愿——拒绝延续吃虫的传统，因为他们受到了传教士和政府官员等西方偏见的影响。德福利亚特说，在非洲，那些受到更多教育的本地人不愿承认当地原住民仍保留着吃昆虫和某些其他传统习俗。同样，巴布亚新几内亚人"开始认为吃昆虫是一种'野蛮行为'，应该在社会发展过程中被摒弃"。我的内科医生是尼日利亚人，他告诉我他的祖母喂他吃过白蚁，但在那之后他再也没吃过。在津巴布韦，一些人拒绝吃毛毛虫，因为他们听说毛毛虫是"原始人"的食物。

世界上很多所谓的原始部族都有悠久的食虫传统。尽管食用量相对不大，但昆虫仍是他们饮食中的重要组成部分。昆虫富含营养，哪怕一小盘毛虫也能提供充足的蛋白质。在鱼肉非常罕见甚至完全缺乏的地区，昆虫可以为人们补充能量。在整个刚果民主共和国的国民饮食中，20%的有效动物蛋白来自昆虫，在该国某些地区该比例高达64%。在赞比亚的"饥荒季节"，即11月到次年2月，毛虫构成有效动物蛋白的40%。在巴布亚新几内亚，昆虫可以满足人们对蛋白质需求的30%。

昆虫大概是世上所谓原始部落的人们（包括美洲印第安人）的重要食物来源，虽然这并不构成他们饮食的全部。据可靠的小道信息说，全世界人们所吃的昆虫有好几百种，实际数量无疑更多。毕竟，目前已知的90万种昆虫中应该有数万种属于既可食又可口的。

　　美洲原住民在被欧洲殖民者征服和同化之前，一定吃过很多种昆虫。一些原住民至今仍然这样做。历史上，犹他州的印第安人会在大盐湖地区采集冲上岸的水蝇蛹，常常能采到几百蒲式耳，多达数十亿只。博登海姆说，加州的摩多克印第安人会摇动河边的树，使叶片上聚集的大片鹬虻落入皮特河里，他们在下游用一排漂浮的原木拦住，网罗漂来的鹬虻和卵块，一天就能收获 100 蒲式耳。

　　伊丽莎白·布莱克（Elizabeth Blake）和迈克尔·瓦格纳（Michael Wagner）写道："美国有一些现代化的印第安人，他们住的地方离大型杂货店和快餐连锁店很近，步行可达，然而他们依然会采集潘多拉蛾的幼虫来吃……这种大型毛虫身形笨重，可长到 2 英寸长，被加州的派尤特印第安人叫作皮尤加（piuga），是他们的传统食物。"这种毛虫以美国西部几种松树的针叶为食。由于毛虫的生命周期是两年，所以每隔一年才能看到。在毛虫生命中的第一年，随着严寒天气的来临，尚未发育成熟的毛虫停止进食，在树枝上集结成群。第二年春天，它们恢复进食，并在 7 月的第 2 周或第 3 周发育成熟。这时它们爬下树干，在地上钻一个浅洞，躲在其中蜕变成蛹。派尤特人在松树周围挖一些浅沟来捕捉爬下

---

　　1 蒲式耳 =35.24 升。

树的毛虫，每隔几小时就能捉到一批。他们将毛虫放入早已用木头烧热的沙堆中炙烤大约 1 小时，之后将它们从沙中筛出，摊在油布上晾干，有时可能需要两周才能完全晾干。过去，人们在凉爽干燥的小棚子里存放晾干的皮尤加，一两年都不会变质，如今则把它们存放在冰箱里。将烤制过的干毛虫放在淡水或盐水中煮大约一小时，煮软后可以当零食吃。毛虫的产量很大。据 J. M. 奥尔德里奇（J. M. Aldrich）说，1920 年，一群派尤特人采集并加工了 1.5 吨皮尤加。

澳大利亚原住民过去非常依赖昆虫作为食物，如今仍如此，只是依赖程度降低了，但或许比某些狩猎采集部落还是更依赖些。廷代尔写道："每个原住民都会密切关注可以吃的昆虫。我曾见过一个人全神贯注地追踪着一只袋鼠，当他无意间瞥到旁边一棵大概是橡胶树的植物时，立刻停止捕猎，转而用矛头去捣树上的洞。他将矛头当作钩子，戳出来一只蛴螬……吃掉以后，他的注意力才又回到捕猎的正事上。"原住民的昆虫食谱很宽，现在仍吃的有：蛀木甲虫的幼虫，几种蛾子的成虫和毛虫，蚂蚁和蝗虫。原住民还开发了一些昆虫产品：无刺蜂和蜜罐蚁的蜜，还有木虱的蜜露，这些都会在第八章出现。

在澳大利亚原住民食用的众多毛虫中，最有名的是大型蛀木毛虫，叫作"巫蛴螬"。廷代尔写道，这个属中几种昆虫的雌性有个共同特点：它们是世界上最重的昆虫。雌性成虫的翼展惊人地达到9英寸。发育成熟的毛虫块头很大，有成年人的一只手那么长。博登海姆说，目光犀利的原住民能一眼发现毛虫在桉树树干上蛀的洞，他们将分权的树枝做成约6英寸长的钩子，"其中一根树枝保留所需的长度，另一根削短，做成锋利的钩子"，这样就可以将毛虫钩出来。有时洞口可能不够宽，没法一下子带出毛虫，"要先用斧子砍掉一些周围的树皮，从而拓宽洞口"。据说这种胖乎乎的毛虫在热灰上烤炙过后有一种"微甜的炒鸡蛋味"。

虫草蝙蝠蛾的体型相当大，翅膀较窄，很像常见的那种夜间飞行的天蛾。有些种类的蝙蝠蛾，毛虫阶段住在地下，嚼食桉树或金合欢树的树根。廷代尔解释了原住民采集毛虫的方法："（他们）懂得如何分辨被蝙蝠蛾摧残的树，确定目标后便刮去树下表层的泥土，让蛀道暴露出来。他们通过气味来选择蛀洞，潮湿的蛀洞中分布着活的幼虫和蛹。将一根底端有钩子、可弯曲的长棍小心地探进洞中——有时深度竟然能达到6英尺——里面的小活物被钩住拽出来。"廷代尔评价说，这是"一项缓慢而枯燥的差事"，"要想更好地享用蝙蝠蛾盛宴，最好等到成虫出现的季节"。在澳大利亚的沙漠中，每年夏天的第一场大雨那天，黄昏前1小时，蝙蝠蛾会从地下全体钻出来。天黑后，它们便开始飞行，交配，产卵。到第二天早晨，这些蝙蝠蛾——要么已死，要么精疲力尽——全都躺在了地上。"鸟类似乎能够预知这个夜晚将发生不寻常的事情。喜鹊和乌鸦开始活跃，猫头鹰和斑布克鹰鸮比平时更早地离开巢穴，都赶去吃那些蝙蝠蛾。翌日的晨光中，这些蝙蝠蛾虚弱无助地躺在地上，想要晾干自己的翅膀。原住民掐准时机赶来，将蝙蝠蛾扫进草编袋里。天色一暗，大堆篝火点起来，成百上千只蝙蝠蛾在火中劈啪作响，然后被迫不及待的食客扒出来饱餐一顿。"

之前已经说过，非洲北部的人们爱吃蝗虫。他们也吃某些甲虫。比如，布里斯托写道，埃及的贝都因人用盐烤圣甲虫来吃，这种甲虫在他们的成人礼中是非常重要的元素：

当一个男孩长到11岁或12岁时部落会举行一个象征他进入成人阶段的仪式。F.芬奇小姐向我描述了她的个人经历：男人们围着男孩和酋长蹲坐在地上。男人们彼此肩并肩，挨着两边的人。他们有节奏地吟唱真主安拉的名字99次，左右摇动，直到唱出极为激动的音调。不到半小时，围坐成圈的男人和圈中的男孩达到了某种恍惚迷幻的状态。酋长相对比较镇静，不太受影响，他朗读《古兰经》中跟永生相关的部分，并命令男孩吃掉碗中盛放的圣甲虫，然后男孩就被视为部落或村里的男人了。

但在撒哈拉沙漠的南部，还有更多种类的昆虫被广泛地当作食物。其中包括蝗虫、甲虫的幼虫（即蛴螬）、白蚁、蚂蚁、蝴蝶和蛾子的幼虫、蜻蜓幼虫、蜜蜂、胡蜂的幼虫和蛹，还有一种叫作蠓的小飞虫。

1921 年，贝克特写道，当一群迁徙的蝗虫出现时，非洲南部喀拉哈里沙漠的"霍屯督人"（即科伊科伊人）欣喜若狂。他们将这种深受喜爱的食物的到来解释为，一个住在遥远北方的神灵发了善意，所以移动岩石，将蝗虫从深坑中释放出来。满怀感激的人们大快朵颐，"几天之后，他们明显长胖了，健康状况也变好了"。干季时，成群的蠓聚集在一起，看起来就像非洲中部的湖面上升起的烟云。风将它们吹向岸边，人们把大量的蠓从灌木和岩石上扫下来，做成油饼烤着吃。

在非洲很多地方，白蚁被认为是最美味的食物之一（或许也可以去掉"之一"）。赫伯特·诺伊斯生动地表达了非洲撒哈拉以南地区的人对白蚁的喜爱："一位拜耶尔部落的首领拜访利文斯顿博士，当主人呈上杏酱时，他说：'啊，你应该尝尝烤白蚁。'因此，在中非，原住民喜欢雨季（那时白蚁会成群出现）就像肥胖的英国大肚汉翘首期盼牡蛎季节的到来，而不辞辛劳地从远方赶去科尔切斯特，痛快大吃新鲜的牡蛎一样。"

人们最常吃的白蚁是筑蚁丘的那些种类，这些蚁丘可能高达几英尺。雨季之初，蚁群释放成千上万只——很有可能是数万只或者更多——具有生殖能力的长翼白蚁出去组建新的蚁群。贝克特和博登海姆都描述过一种很有创意的捕蚁方法，当地人用这种方法在白蚁离巢时大量捕捉那些有生殖力的长翼白蚁。博登海姆说："他们（捕蚁者）用几片宽大的叶子紧紧围罩在蚁丘上……叶子之间的缝隙很快被白蚁占据，它们通常会将里面的叶子与蚁丘连接起来。在表层叶子的一侧有一个突出的口袋，作为捕蚁袋之用；当长翼白蚁蜂拥而出时，发现没有出口，会成群地落入口袋中，最后被人掏出来。"白蚁可以生吃，也可以煮、烤，或者在铁锅里煎。德福利亚特告诉我们，在津巴布韦，很多有欧洲血统的人也吃白蚁——只是不像原住民吃得那么多。

原住民的孩童会将一片棕榈叶戳到捣开的蚁丘里，当他们收回棕榈叶时，就可以吃上面爬附的白蚁。这个情景很像珍妮·古道尔（Jane Goodal）描述的黑猩猩捉白蚁的方式。她写道，当那些有生殖力的长翼白蚁等待合适的飞行条件时，它们会在蚁丘壁上挖出隧道，然后再将开口稍微封起来。黑猩猩看到这种封口时，就会用食指刮开丘壁露出洞口。黑猩猩会制作工具，比如捡一根细树枝，把上面的叶子掐掉，再把树枝截成约 9 英寸的合适长度。它拿着树枝进进出出地戳着洞，而洞中的白蚁会用上颚紧紧咬住这截被当作工具的树枝、草茎或其他材料，黑猩猩只需"从树枝侧边用嘴一嘬"，就能把白蚁全吸到嘴里。

来自各种文化的人都钟爱甜食，为满足这种渴望人们经常会吃蜜糖。蜂蜜不仅来自蜜蜂，也可以由蚂蚁和胡蜂制造。在下一章你会读到，蜜蜂合作采集花蜜之所以可行，是因为它们用一种有效的语言进行交流；将花蜜转化为蜂蜜的过程相当复杂，这项"工艺"经过了数千年的自然选择，演化的驱动力已将其打磨得近乎完美。

第八章

甘虫之饴

在甘蔗从中国传入地中海地区之前，蜂蜜几乎是欧洲和北非人民可以吃到的唯一甜食。我们从伊娃·克兰（Eva Crane）那里了解到，9000年前的石器时代中期，原始时代的艺术家在西班牙的一个山洞里画了一幅画，画中人正从野生蜂巢里掏蜂蜜。珀西·纽伯里说，蜂蜜在古埃及极受珍视，以至于

很久以前有两个重要的官职……与封口物的使用密切相关，这也体现在官职的名称上。其中一个叫"蜜（罐）封存官"；另一个叫"神封存官"，即"上帝的印官"。第一个称呼……"蜜（罐）封存官"，或许是我们在埃及历史上所有时期能发现的几百种官职中最古老的头衔，自第三王朝开始，没有一个非皇室家族的人不想获得这样的荣誉。它最初的意思是给蜜罐封口的人。蜂蜜是所有原始奢侈品中最贵重的东西，只有国王才可享用。因此这样的官衔相当古老，甚至可以追溯到尼罗河流域开始酿酒以前。

第三王朝始于约5000年前，蜂蜜的使用应该比这还要早许多个世纪，需要回溯到极为古老的时期。

霍利·毕晓普写道，神圣的印度经文集《梨俱吠陀》中经常提到蜂蜜，时间要追溯到约公元前1500年。《荷马史诗》距今已有近3000年，毕晓普如此赞美道："书中不断提到神圣的蜜蜂和蜂蜜，让书页都变得甜蜜了起来。"在《奥德赛》第十四卷中，荷马写道：

"新酒，甜美如蜜蜂的甘露。"《圣经》中也提到过蜂蜜。《旧约》中，耶和华不断向摩西保证——后者生活在约公元前 1400 年——在沙漠中游荡的以色列人将会到达一个有着牛奶和蜂蜜的国度。所罗门王曾经这样热情地赞美他心爱的书拉密："噢，我的新娘，你的嘴唇像蜂巢一样开启：蜂蜜和牛奶就在你的舌下。"

《士师记》中讲述了一个奇怪的故事，表明圣经时代的人们对蜜蜂和其他昆虫的了解有多么贫乏。参孙（Samson）在迎娶新娘的途中，"走到路边去看狮子的尸骨：看，狮子的身体里有一群蜜蜂，还有蜂蜜。他用手捧起蜂巢，边走边吃；他走到父母的身边，交给他们，他们也吃了起来"。蜜蜂是绝对不会在死亡动物腐烂的身体中筑巢的。古代人看见的很可能是长尾管蚜蝇（*Eristalis tenax*），它们与蜜蜂的外形异常相似。通过模仿有毒、蜇人、带有警戒色的蜜蜂的外形，这些无害的食蚜蝇骗过了鸟类和其他昆虫捕食者，避免成为它们口中的美餐。食蚜蝇虽不会制造蜂蜜，但确实会在死亡动物的腐尸上"集聚"，甚至是狮子身上。它们在那里产卵，孵化出来的蛆虫是食腐动物，以腐烂的动物尸体为食。

蜜蜂制造蜂蜜——我很快会告诉你它们是怎么做到的——用的材料是它们从花朵上采来的甘甜的花蜜。所有种类的蜂，不仅仅是蜜蜂，在拜访花朵采集花粉和花蜜的同时，对于花朵的繁殖也起到了极为重要的作用。当蜜蜂在花的雄蕊上摩擦时，花粉粘附在采集花蜜的蜜蜂毛茸茸的身体上，当它造访另一朵花时——通常这朵花跟第一朵花是同一种类，至少蜜蜂的情况如此——有些花粉会被蹭落，掉在第二朵花的雌蕊上。通过这种方式，蜜蜂开启了受精过程，随后产生了种子，即植物的后代。经过新陈代谢，花蜜中的糖分——花蜜含有的其他营养物质很少——会释放能量，补充蜜蜂长时间采集花粉和花蜜所消耗的能量。看护蜂（nurse bees）吃下大量花粉和蜂蜜，生产出给蜜蜂幼虫吃的乳汁。乳汁从蜜蜂头部的特殊腺体中分泌出来，营养丰富，是蜜蜂用来哺育幼虫的食物。雷·斯诺德格拉斯（Ray Snodgrass）在报告中称："工蜂在 4 天半到 5 天的时间里能增重 1500 倍。"

　　开花植物和替它们传粉的昆虫——以蜜蜂为例——发生了协同进化；也就是说，数百万年来，它们在多个方面适应了彼此的存在。开花植物亮丽而显眼的花朵从远处就能吸引蜜蜂的注意，相应地，蜜蜂也具有可以分辨色彩的视觉。（它们甚至能看见广谱的紫外线部分，但人类无法做到。）花朵还会释放出香气，蜜蜂的触角上长有敏感的嗅觉感受器，能够近距离察觉并区分每种植物的引诱剂。植物用花粉和花蜜报答蜜蜂，而蜜蜂也非常善于利用这种馈赠。它们的每只后足上都有一个由坚硬刚毛构成的"花粉篮"，可以携带大量花粉，它们的"蜜胃"能容纳大量花蜜，而它们采集花蜜用的口器也能够轻松地吮吸和舔食花蜜。

蜜蜂采集花粉和花蜜极有效率。单个蜂群中的工蜂在人造蜂房或天然树洞中的蜂巢周围 40 平方英里的区域进行采食活动。显然，要在如此广阔的区域进行高效的觅食，侦察蜂必须得找到一片花蜜或花粉丰富的区域，并与其他工蜂交流花朵所在的位置。"她"——所有工蜂都是不育的雌性——通过在巢脾的竖直表面表演"摇摆舞"（waggle dance）来完成此项工作。这种舞蹈描画出到达丰饶花蜜所在地最快捷的飞行路线。安娜·多恩霍思（Anna Dornhaus）和拉斯·奇特卡（Lars Chittka）指出，其他蜂类（如熊蜂）没有语言，除了能告诉巢中的同伴在附近某个位置不明确的地方有花蜜之外，无法表达其他信息，相对而言蜜蜂的舞蹈语言则为其带来一种竞争优势。当蜜蜂的工蜂跳舞时，其他工蜂凑在近旁观看并跟随它的动作学习。它们同时能从"队友"的身上感受到蜜源花朵的独特气味，偶尔还能吸一小口"队友"带回来的花蜜。摇摆舞的轨迹呈 8 字形。蜜蜂舞者在 8 字的横断处（crossbar）左右摆动腹部前行，同时发出尖细的嗡嗡声。摇摆的快慢暗示着距离：摆动得越慢，意味着花朵越远，而越快则意味着越近。

花朵所在地的方向则由摇摆动作与巢脾纵轴之间的夹角来说明。就像我们人类默认地图上方是北一样，蜜蜂将巢脾的上方看作太阳的位置。因此，如果 8 字的横断沿着巢脾向上，那么从蜂巢到

---

* 在蜜源距离蜂巢较远（通常认为超过 100 米）时，蜜蜂才会选择摇摆舞解读位置信息，否则会用圆圈舞。

花朵的飞行线路就是直接朝向太阳；如果 8 字横断沿巢脾向下，直接背对太阳飞行即可。比如 8 字横断沿巢脾纵轴往上并且向右偏离 60 度时，意味着最便捷的飞行路线是从蜂巢朝着太阳向右 60 度的路线；8 字横断沿巢脾纵轴往下并且向左 45 度，表明最合适的飞行路线是从蜂巢背对太阳向左 45 度的路线。你可以假想蜜蜂体内有一个钟表，当地球自转时，这个钟表可以让它们自我调整，跟上太阳的位置变化。

当工蜂飞到一处花丛又飞回蜂巢时，它会反复跳摇摆舞——如果花丛的蜜源丰富，它会跳得格外带劲——以邀请更多工蜂前去采食这些花朵。反之，工蜂就不会重复舞蹈，而是心不在焉地动几下，几乎不怎么邀请其他工蜂。另外，卡尔·安德森（Carl Anderson）和弗朗西斯·拉特尼克斯（Francis Ratnieks）发现，返回蜂巢的工蜂如果发现巢中没有蜜蜂来接手它采来的花蜜，它便不会跳舞，因为这表明此时不需要更多花蜜了。蜂群通过这种方式来调整采食的节奏，从而把劳动力分配到食物最充足的花丛上。

如果花蜜或花粉的来源离蜂巢相对较近，比如在 60 码以内或更短，蜜蜂会跳一种简单的舞蹈，卡尔·冯·弗里希称之为圆圈舞。采食回来的工蜂绕着圆圈跑，"步伐快速而零碎"，然后它们突然转身，沿着刚刚的圆圈反向跑，如此反复，来描述自己的发现。这样所表达的信息是："在咱们的巢边看看就行了，你们不会错过那些花的。"

冯·弗里希是一位诺贝尔奖得主，他发现并解码了蜜蜂的舞蹈语言。他透过玻璃罩观察蜂箱中蜜蜂在巢脾上的舞蹈，摸索蜜蜂指示的方向。冯·弗里希的学生们在距蜂箱很远的灌丛里放了一个喂食器，里面盛有糖水，吸引蜜蜂前来。通过追随蜜蜂给出的方向，他抵达了距离隐藏的喂食器几码远的地方，稍加搜寻，他就找到了糖水所在的地点。

很多养蜂人很乐意帮助自己的蜜蜂探寻花蜜。他们可能会将蜂房挪来挪去，从而充分利用盛产花蜜的花丛，比如一片苜蓿地。苹果园或柑橘园的主人会从养蜂人那里租借蜂房，以保证果树上的花朵能得到授粉。埃及的养蜂人使用一种非常聪明的办法将蜂巢带到花朵所在地。他们注意到，埃及南方的花开得比北方早很多。希尔达·兰森（Hilda Ransome）告诉我们，10 月末，埃及人将蜂巢运往南方，即尼罗河的上游，那里的花此时开得正盛。蜂巢被放在木筏上，随着季节的推移，木筏逐渐顺流而下，跟着花开的节奏前行。木筏停靠在岸边时，就可以放蜜蜂出去采集花蜜。当此处的开花季节一过，木筏继续顺流前行几英里路。通过这种方式，他们穿过整个埃及，最终在 2 月初到达开罗。

蜜蜂是如何将花蜜转化成蜂蜜的呢？诺曼·加里（Norman Gary）解释说，刚开始，一只"外勤蜂"，即外出采蜜的蜜蜂，带着满满一肚子花蜜回到蜂巢。此时它可能已经从 1000 多朵小花或数朵大花上吸食了花蜜，约有 70 毫克之多，虽同 1 盎司比起来微不足道，但却占了蜜蜂体重的 85%（相当于一个 150 磅的人喝了 127 磅的水）。当采食者进入蜂巢，会将花蜜反刍给待在家里的"内勤蜂"，内勤蜂的工作是把花蜜"催熟"，将其转化为蜂蜜。

这种转化需要从花蜜中滤掉大量水分，并在其中加入各种酶。（酶是催化和调节各种生物化学反应的蛋白质。）蜜蜂添加到花蜜中的酶将复合的蔗糖分子、常见的食糖和花蜜中成分最多的糖分解成小分子，变成两种成分：果糖和葡萄糖。这两种单糖组成了蜂蜜中糖总量的 70% 左右。（其他的酶有不同的作用。）除了这两种糖，蜂蜜也含有少量的其他多种糖类、蛋白质、有机酸和矿物质，甚至还有微量的维生素，以及可以给蜂蜜添加令人喜爱的颜色、口味和香气的其他物质。

内勤蜂负责将外勤蜂采食的花蜜中的水分蒸发掉。它们不断将小滴的花蜜反刍出来，含在口器里，暴露在空气中。在约 20 分钟的时段内，它们会每隔 5 到 10 秒重复这样的动作。最初含有约 45% 糖分的花蜜，失去足够的水分后，糖分浓度会增加到约 60%。这种部分熟化的蜂蜜被放置在巢室中进一步晾干。然而，巢室只有约四分之一的空间是被蜂蜜填满的，因为相比完全填充，局部填充的情况下水分的蒸发速度更快。一些内勤蜂扇动翅膀，促进蜂巢内空气的流通，从而加速蒸发。完全熟化的蜂蜜，其糖分浓度达到

一只工蜂停歇在蜡质的巢脾上，它即将把花蜜
反刍到六角形的巢室中。

75% 到 85%，固化后完全占据了巢室，最后会被蜂蜡盖起来。

一罐蜂蜜搁在食品储藏室的架子上几周或几个月都不会发酵或变质——但可能会结晶——因为像酵母和细菌这样的微生物无法在蜂蜜中存活。贾森·德梅拉（Jason DeMera）和埃丝特·安格特（Esther Angert）发现，欧洲蜜蜂和无刺蜂的蜂蜜都包含可以杀死酵母和细菌的化学物质。即使蜂蜜不含这样的化学物质，微生物也不可能在其中存活。蜂蜜中的水分含量约为 20%，比微生物体内 70% 的水分含量低得多，这会导致微生物在蜂蜜中脱水。水分会通过渗透作用从微生物体内析出，只留下干死的空壳。这是因为水像其他液体和气体一样，会从高浓度（比如这里的微生物）向低浓度（蜂蜜）扩散。但毕晓普警告说，蜂蜜中可能含有细菌的芽孢（休眠状态下不活跃的细菌），它们会产生有毒的肉毒毒素。这种芽孢对成人无害，但对于不到 1 岁的小婴儿可能会致命。

如果在蜂蜜中加入足量的水，使渗透压减小，酵母便可以在稀释后的蜂蜜中存活。酵母会使蜂蜜发酵，并产生酒精。古希腊和古罗马时期——甚至更早时候——人们已经开始制作酒精饮料。有一种蜂蜜酿的酒，在英语中叫作蜜酒（mead）。约公元 1100 年，古英语著作《贝奥武夫》（*Beowulf*）提到，蜜酒是国王和领主（身份自由的地主）的饮品。200 多年后，乔叟用中世纪英语写作的《坎特伯雷故事集》，后来被 J. U. 尼科尔森（J. U. Nicolson）翻译成了现代英语，我们可以在其中读到托帕斯爵士（Sir Thopas）的故事：

> 他们先给他呈上酒器，
> 杯中盛着非常甜蜜的葡萄酒和蜜酒，
> 和用上等香料制成的姜饼，
> 里面有茴香和甘草，
> 以及可口的糖食。

姜饼中亦含有蜂蜜。据尼科尔森解释，酒器应该是枫木制成的碗。

在《蜜酒制作》（*Making Mead*）中，罗杰·莫尔斯（Roger Morse）引用了1669年出版的一本书中的配方。书名很长，叫《博学的肯尼尔姆·迪格比爵士打开的壁橱：制作香味蜜酒、苹果酒、樱桃酒的几种方法》（*The Closet of the Eminently Learned Sir Kenelme Digbie Kt. Opened：Whereby Is Discovered Several Ways for Making of Metheglin，Sider，Cherry Wine，etc.*）。香味蜜酒（metheglin）是一种添加了香料的蜜酒，配方如下：

在7夸脱水中加入2夸脱蜂蜜，充分搅匀，然后放在火上煮沸；取3到4棵欧芹根和等量的茴香根，削干净后切碎，放入蜂蜜水中一起煮；沸腾时撇去浮沫，不再有泡沫浮起时，说明已经煮好。要注意不能有泡沫残留。把锅从火上端下来，让它自然冷却。第二天将其倒入有盖的容器中，随后放入半品脱^{*}新鲜的上等酵母和一点点研碎的丁子香，给容器盖上麻布，扣紧，朝上放置。两周后即可饮用。发酵时间越长，味道越佳。

苏格兰杜林标（Drambuie）是我最爱的餐后酒之一。伊娃·克兰所写的《蜂蜜之书》（*A Book of Honey*）提到："我似乎不是唯一喜爱杜林标的人。"她还告诉我们，据说drambuie这个英语单词是

---

* 1品脱 =0.57升。

盖尔语 an dram buideach 的缩写，意思是让人心生满足的饮料。它按照一种秘传的配方酿制，其中有蜂蜜和威士忌。自 1745 年起，这个配方由邦尼王子查理（Bonnie Prince Charlie）带到苏格兰，在家族中代代相传，没有透露给外界。

多年前，我与新罕布什尔州都柏林的鲍勃·奈特（Bob Knight）闲聊时，他向我透露了他搜寻蜜蜂树（bee trees），即野生蜜蜂所在的蜂巢的方法。他在一个小箱子中放一朵花，将一只外勤蜂困在里面。箱子被分成三个隔间，在它的一端有两个隔间，上下隔离。上层隔间有一个可移动的顶，或称盖子，并有一个玻璃窗。下层隔间有一块含有糖水的巢脾。第三个隔间在箱子的另一端，顶上也有一个玻璃窗。第三个隔间与另外两个隔间当中有一块活动板，可以通过一条窄缝抽出。

鲍勃将一只蜜蜂困在上层隔间里，当它安静下来后，他拉开活动板，让蜜蜂活动到第三个隔间，再把活动板拉回原位。然后他移走上下隔层之间的盖子，让蜜蜂可以进入下层有糖水的隔间。蜜蜂吃饱糖水后，被释放出去。它将径直飞回蜂巢。由于箱子内壁都被涂上了茴芹油，当蜜蜂回到蜂巢，跳完摇摆舞后，其他蜜蜂便识别出它身上附着的茴芹气味。蜜蜂们离开蜂巢，按照摇摆舞指示的路线飞往喂食器，一路上完全无视花朵的香气，只停在能闻到茴芹的地方。（这种"花朵专一性"让蜜蜂成为非常高效的传粉者。）这时鲍勃将箱子打开，当大量蜜蜂到来时，他跟随它们的飞行路线一路小跑，等待蜜蜂在每个停靠点采食，最后回到蜂巢边。有时候蜜蜂会带领他来到养蜂人的蜂房，而不是建在野外树洞中的蜂巢。如果是养蜂人的蜂房，鲍勃则不去收集蜂蜜。

当今世界很多地方陷入了西方蜜蜂的恐怖危机中。西方蜜蜂正在神秘地消失，据最新统计，美国 27 个州和其他几个国家，可能包括巴西，已有约 30% 的数量消失了。梅·贝伦鲍姆告诉我："蜜蜂正在无缘无故地消失，但是没有人发现它们的尸体，就像它们不打算回家了一样。"许多假说试图解释庄稼和多种野生植物的传粉者灾难性失踪的原因。在各种奇怪的解释中，有"飞机轨迹"理论和"无线网络"理论，但更合理的解释可能是人工喂养所使用的高果糖玉米糖浆对于蜜蜂来说营养不足，尽管有时人工喂养是有必要的。无论什么原因，蜂群崩溃综合征导致的经济和生态损失无疑非常惨重。蜂蜜供应的不足或缺失将会让许多人感到痛苦，但贝伦鲍姆指出，相比植物传粉受到的影响，那种痛苦是微不足道的。几乎所有水果和很多蔬菜都是靠蜜蜂传粉的。扁桃仁每年为加州创收 20 亿美元，果实的形成只能依赖蜜蜂传粉。传粉昆虫的减少甚至会影响到我们的肉类供应，苜蓿以及其他的豆科干草和饲料作物也都是靠蜜蜂传粉的。

✧

　　寻找蜜蜂树只是鲍勃·奈特的一个爱好。其实在印度、东南亚和东印度群岛，捕获野外的蜂群从古至今都是一项严肃的工作：非常危险，有时甚至会致命。本杰明·奥尔德罗伊德（Benjamin Oldroyd）和西里沃特·旺西里（Siriwat Wongsiri）写过，在这些地区，除了意大利蜂之外，还有 8 种蜜蜂。意大利蜂是性情相对较为温和的种类——它们的非洲分支除外。这 8 种蜜蜂中，有 4 种在空洞中筑巢，这点跟意大利蜂一样；其中 1 种已被小规模驯化，被人类养在木质蜂箱里；另外 4 种的蜂巢没有遮蔽物，直接悬挂在树枝下面或悬崖峭壁表面。后面这几类蜂中，有两种的工蜂是大蜜蜂，体长几乎是我们熟悉的意大利蜂的两倍。它们的蜂蜜产量最高，也是目前对付起来最危险的种类。其中一种大蜜蜂生活在喜马拉雅山脉，在岩石表面筑有单脾蜂巢。另一种大蜜蜂的蜂群分布在喜马拉雅山脉以南的亚洲，它们体量巨大的单脾蜂巢挂在岩石表面，或更常见的，是把巢筑在非常高的树枝下面。跟前面那种喜马拉雅的大蜜蜂情况差不多，这种蜂群的大规模聚集也很常见；奥尔德罗伊德和旺西里说，"在一座水塔、一棵树上或岩石表面"，能看到 200 多个蜂群密匝匝地挤在一起。

　　"捕获大蜜蜂蜂群是一项异常危险的作业，需要爬到很高的地方——通常还是在黑暗中——对付数万只凶残的蜇人昆虫。"捕蜂操作的背后，还有其他危险潜伏在森林深处。比如，在孟加拉国，"每年约有10位捕蜂者死于虎口，还有约40人会受到土匪的攻击"。当然，那是在亚洲虎濒临灭绝之前的数字。但据我所知，土匪现在依然猖獗。捕蜂者为减少这方面的危险，会选择良辰吉日，在捕蜂前"沐浴、斋戒、诵经、祷告"，以期获得庇佑。他们还会祭祀，向森林的神灵献上槟榔果、大米或小动物。到达蜜蜂树下时，捕蜂者会祈祷并举行仪式，以抚慰蜜蜂树的神灵。奥尔德罗伊德和旺西里引述了一个马来传说，讲的是一位年轻的王子带着金属工具去采集一棵高耸凤眼木（tualang tree）上的大蜜蜂蜂巢里的蜂蜜。王子被树精灵杀死，大卸八块。王子的妻子法蒂玛公主和树做了一个约定：如果日后"人们在攀爬高耸凤眼木时不使用任何刀具和铁器"，王子就可以复活。为了遵守法蒂玛与树的约定，大多数马来西亚至印度南部的捕蜂者都不使用金属工具，而是用木制刀具来切割巢脾。

很多捕蜂者更喜欢在没有月光的夜晚突袭大蜜蜂的蜂巢，这时候凶猛的工蜂都依附在巢脾上，无法展开空袭。捕蜂者举着用树叶扎成的 4 英尺多长的火把，在黑暗中顺着光秃秃的树干爬到蜂巢所在的树枝边，大约有 130 英尺高。然后他沿着树枝爬出 30 英尺或更远的距离，这时才点燃火把，将蜂巢中的蜜蜂燎扫下来。他也会用火把拍打树枝，让火花从树上掉落。"不知所措的蜜蜂跟着火花一起坠落，捕蜂者经常会轻声吟唱，歌词大意是蜜蜂'应该跟着'星星走。"

将蜂巢中大部分蜜蜂清理完毕后，捕蜂者会在蜂巢下悬吊一个篮子，伸手砍下一片片巢脾，使之落入篮中。奥尔德罗伊德和旺西里说，这项工作艰难得超出想象。"试想一下，你跨坐于一棵大树轻轻晃动的树枝，凌驾于整片森林之上……此时正值深夜……没有安全带，没有防护服……随后你要将手够到树枝下面去砍巢脾，仅仅用腿（通常是光腿）抱住树枝。"

以前西半球是没有蜜蜂的，直到早期的欧洲殖民者将蜜蜂带到了这里。（在新英格兰，印第安人把这种奇怪又陌生的昆虫叫作"白人的苍蝇"。）但新世界的本地居民也并非完全没有甜食。在美国东北部和毗邻加拿大南部的地区有枫糖。（印第安人教会殖民者用黏稠的枫糖和爆米花混合起来制作爆米花球。）美国西南部的原住民食用胡蜂和蚂蚁制造的蜜，对此我们之后再详述。但在美国中部和南部，有其他种类的蜜蜂能提供蜂蜜和蜂蜡。它们是无刺蜂，主要是麦蜂属（Melipona）和无刺蜂属（Trigona），与更为人们所熟知的蜜蜂属（Apis）关系较远。伊娃·克兰告诉我们，世界上有大约 500 种无刺蜂。它们只分布在除高山和沙漠的热带地区。大多数无刺蜂——约占所有无刺蜂种类的 80%——只出现在新世界。其他种类分布在撒哈拉以南的非洲地区、亚洲、东印度群岛、新几内亚和澳大利亚。

很多种无刺蜂在一些重要的方面各不相同，但它们之间也有很多共同之处。查尔斯·米切纳解释说，它们都高度社会化，就像蜜蜂一样，也终生生活在蜂群中，蜂群有工蜂和一个蜂王，有些种类有数万只工蜂。所有的无刺蜂都是无刺的，不过它们的尾部有一个退化的、无功能的螫针。21世纪初，著名的蚂蚁专家威廉·莫顿·惠勒（William Morton Wheeler）说，有些种类的无刺蜂非常温和，几乎不采取任何行动去保卫自己的蜂巢，但也有一些无刺蜂非常凶猛。威尔逊写道，有些种类会非常迅速地攻击入侵者，包括人类："它们涌向入侵者的身体，夹住皮肤，扯拽毛发，偶尔还会由于紧张性痉挛而锁紧上颚，在人们把它们拔掉之前，它们的头已经和身子分家了。"威尔逊指出，热带美洲有一群无刺蜂"会从上颚喷出一股灼热的液体，因此在巴西，人们称之为 cagafogos，意思是'喷火机'"。

所有无刺蜂都会采食花蜜、蜜露和花粉，只有一个属的少数几种无刺盗蜂除外。这些盗蜂生活在非洲和美洲，会打劫其他蜂巢，抢夺食物。除一种西非的无刺蜂之外，无刺蜂都在空洞中建巢，以空心的树枝或树干为主。但根据米切纳的报告，有些无刺蜂在泥土里建巢，它们会搬进蚂蚁、白蚁或地下啮齿动物废弃的巢穴中。它们主要的建筑材料是一种蜡质（cerumen），由蜂胶和蜡混合而成。无刺蜂分泌蜡，也会采集树脂和其他黏稠的植物性物质来制造蜂胶。蜂蜜和花粉被储存在蜡做成的"小罐子"里。这些"罐子"通常为卵形，体型较大的无刺蜂种类做的"蜡罐"大约有 2 英寸多长，不到 2 英寸宽。它们的幼虫也被安置在更小的蜡质管状巢室中抚养。

东半球大部分热带地区的无刺蜂产的蜜比当地蜜蜂少得多，因此对人们作用不大。但在新世界的热带地区，蜜蜂原本是不存在的，直到后来欧洲人引入才出现。克兰告诉我，澳大利亚原住民会从野生无刺蜂的蜂巢里采集蜂蜜。这种蜂蜜的产量有时很可观。每种蜂产蜜量不同，有的蜂巢含有的蜂蜜可能不够一口吃的，有的可能约 5 磅重，极少数有 40 磅甚至更多。当场没吃完的蜂蜜被装在篮子里带走。篮子是用这些无刺蜂的蜡来密封的。克兰说，这种蜡质过去——可能现在依然如此——是被原住民珍视的一种黏合剂，也被用来制作小雕像或其他具有仪式意义的物件。

鲍德温·斯潘塞（Baldwin Spencer）解释说，原住民用三种方法来寻找无刺蜂的蜂巢："最简单的是偶然路过一棵树，看树上有没有无刺蜂从蜂巢飞进飞出；第二种方法很有创意，当地人抓住一只无刺蜂，把它的身体绑在一小撮白色的轻质绒毛上（通常是蜘蛛丝）然后放飞，跟随它找到去往蜂巢的路；第三种，我经常看到他们使用，是将耳朵贴在很像桉树的树干或粗枝上，如果其中有蜂巢，便会听到无刺蜂忙碌时发出的低沉的嗡嗡声。"

同澳大利亚原住民一样，新世界热带地区的印第安人也会从野外无刺蜂的蜂巢中采集蜂蜜。但早在西班牙人入侵之前，墨西哥、中美洲和南美洲部分地区的人们就已学会如何驯化无刺蜂，就像欧洲人驯化蜜蜂那样。毫无疑问，蜂蜜长期以来受到印第安人的高度重视。赫伯特·施瓦茨记录道，西班牙侵略者第一次占领阿兹特克的首都特诺奇提特兰城时，发现大型市场上有蜂蜜售卖，那里每天有 6 万人在交易丰富的货物。此外，阿兹特克人还要求他们所攻占的地区进贡蜂蜜。比如，特诺奇提特兰城南部某片地区的人们被要求每年向蒙特祖马供奉 2400 罐蜂蜜。

　　从古至今，新世界热带地区大部分地方的蜂蜜都是从野外蜂巢中采得的。据施瓦茨说，有些部落会残忍地洗劫蜂巢，不给蜂群恢复的余地。也有部落对待蜂类时会有所考量，采取更加明智的做法。当他们"在树林中发现蜂巢时，不会'竭巢而取蜜'，而是留下足够的数量，让无刺蜂继续努力补足，这样下次他们再回来时，就能收获更多蜂蜜"。这种习惯可能是驯化无刺蜂的第一步。在玻利维亚，每年 6 月到 9 月，由 10 到 20 个当地人组成的队伍会系统地搜寻森林，寻找野生无刺蜂的蜂巢，采集蜂蜜和蜡质。除了损毁蜂巢、掠夺无刺蜂的劳动成果之外，他们也常常摘下蜂巢，将整个蜂群带回家驯养。

最常受到驯化的无刺蜂是玛雅皇蜂（*Melipona beecheii*），尤卡坦半岛的玛雅人将它们称作淑女蜂（colel-cab）或巢蜂（xunan-cab）。克兰说，在中美洲玛雅人创造的高度文明中，无刺蜂的驯化技术已达到顶尖水平；而在南美则不那么常见，因为当地很多原住民是狩猎采集者。新世界将养蜂作为获得蜂蜜和蜂蜡的来源，其重要性体现于这样一个事实：一些玛雅人曾养过 400 到 700 巢无刺蜂。

蜂巢通常是用切割成 2 到 3 英尺长的空心圆木做成。每截木段的中点会钻一个小孔，作为无刺蜂的出入口；木段的两端塞上黏土或其他材料。蜂巢被水平悬挂在树上或其他支撑物上。有时，一个闲逛路过的蜂群可能会占领这里的蜂巢，不过多数情况下，养蜂人会在蜂巢中"播种"一块含有无刺蜂幼虫的巢室，并放入蜂王和少量工蜂。收获蜂蜜时，只需拔掉蜂巢两端的填充物，将盛满蜂蜜的"蜜罐"取走即可。

无刺蜂的蜂蜜总体上比蜜蜂的蜂蜜含有的水分多很多，因此收获后没多久就会发酵变酸。施瓦茨记录道，在巴西，无刺蜂蜂蜜需经过烧煮，将水分蒸发掉后才能保存，因为糖分浓度的提高将导致渗透压升高，从而抑制酵母和其他微生物的生长。

新世界的人们用无刺蜂的蜂蜜来制作含有酒精的饮品，就像旧世界的人们用蜜蜂的蜂蜜制作蜜酒和其他酒精饮料一样。我们在施瓦茨的书中可以读到，巴拉圭的印第安人"将美洲豹或鹿的生皮革晾干后，做成囊袋悬挂起来。他们在囊袋中注入蜂蜜和蜂蜡，倒入水，让其混合物在阳光的烘烤下发酵。三到四天后囊袋里面的液体就能达到理想的酒精度。人们指定的品酒师将负责测试酿酒过程，并鉴定酒的品质是否过关"。

在新世界，采集野生蜂蜜甚至养蜂，都会涉及宗教信仰、迷信和仪式。墨西哥韦拉克鲁斯市的当地人相信，如果采蜜时未遵守某种特定的规矩和仪式，玛雅皇蜂将会离弃自己的蜂巢；而玛雅皇蜂恰巧是繁殖能力最强的无刺蜂。无刺蜂尤其会受到家庭争吵的冒犯。因此，印第安人相信，娶了两个或更多妻子的男人不大可能成为成功的养蜂者。一个类似的中欧迷信说，如果养蜂人的家庭吵吵闹闹，或者夫妻之一不忠，那这家所养的蜜蜂则不会茁壮繁荣。有些部落的印第安人相信，打开蜂巢前必须禁欲七天。在禁欲的最后时刻，养蜂者要在日出前出门，取走蜂蜜前，需要用柯巴脂（来自各种树木的树脂混合物）来烟熏蜂巢。肯尼亚的某个部落也有类似的迷信，取蜜前要求养蜂者及其助手禁欲。

你可能很难想象群居性胡蜂会制造蜂蜜，因为所有种类的群居性胡蜂都是捕食者，它们勤劳地捕获毛虫和其他昆虫来喂食蜂群中的幼虫，比如北美的小黄蜂和白斑脸胡蜂。然而，少数几种热带胡蜂除捕食昆虫外也酿蜜，还将其大量储存起来，于是有些地方的人会去采集蜂蜜。但这些胡蜂自己用蜂蜜干什么呢？关于这方面我们了解得不多，不过霍华德·埃文斯（Howard Evans）和玛丽·简·韦斯特·埃伯哈德（Mary Jane West Eberhard）推测，它们可能将蜂蜜喂给幼虫。1905 年，在华盛顿昆虫学会的一次会议上，巴伯先生

展示了一张来自得克萨斯州布朗维尔市的蜂巢的原始照片，这种蜂名叫墨西哥蜜马蜂（*Nectarina mellifica*）。蜂巢的主人是一位黑人，他说，这些胡蜂酿的蜂蜜非常美味，墨西哥人习惯在蜂巢体积还小时对它们加以保护，等蜂巢变大后再杀死胡蜂，榨取蜂蜜。这种胡蜂巢与我们常见的造纸胡蜂（白斑脸胡蜂）的蜂巢很相似……除了蜂巢底部之外，巢室全都暴露出来。眼前的蜂巢呈球形，直径约 9 英寸——这并不是最大的尺寸，据蜂巢的主人说。当时他小心地将一把小刀插入蜂巢，抽出后细看刀刃，断言这个蜂巢的蜂蜜含量太少，不值得打开。

据 J. 菲利普·斯普拉德伯里说，这种胡蜂会组成巨型蜂群，可能包含 1 万到 1.5 万只胡蜂，并能延续好几年。威尔逊说，南美有一种近缘的胡蜂，其蜂群延续时间长达 25 年。

后来，分类学家将这种胡蜂的属名从 *Nectarina* 改成了 *Brachygastra*（蜜马蜂）。拉丁文 *Nectarina mellifica* 的大致意思是

"会酿蜜的花蜜采集者"。其种加词与英语单词 mellifluous 拥有相同的词根，后者用来形容悦耳的声音，意为像蜂蜜一样柔和甜美。*Brachygastra* 一词则用来描述这种胡蜂成虫的特征——它在希腊语中的意思是"很短的腹部"——但没有 *Nectarina mellifica* 这个名字那么动听有趣。

埃文斯和埃伯哈德描述了其中一种蜜马蜂（该属共有 7 个物种）的蜂蜜的商业采集情形：

在巴西，拉美蜜马蜂（*Brachygastra lecheguana*）的蜂蜜通常在夏季从巨大的蜂巢采集而来。如果树枝上留下了蜂巢的基部，胡蜂就会在原址继续修建蜂巢，第二年就可以再次采集蜂蜜。在墨西哥，拉美蜜马蜂的蜂蜜具有极高的商业价值。蜂农采来形成不久的蜂巢，转移到可受保护的地方，定期烟熏，将巢中的胡蜂驱走，捣毁蜂巢取蜜，之后让胡蜂回来重建蜂巢……胡蜂蜂蜜的消费者很明智，会资助值得信赖的养蜂人，因为拉美蜜马蜂的蜂蜜偶尔会因为掺入某些花蜜而具毒性。

跟蜜蜂一样，这种胡蜂也会大量采集多种开花植物的花蜜。埃文斯和埃伯哈德写道，它们还会采集任何可以得到的浓缩糖分，包括人造糖果、成熟的水果和吸食树汁的昆虫——如蚜虫和角蝉——分泌的蜜露。它们甚至会窃取蜜蜂储存的蜂蜜。

角蝉、叶蝉和蚜虫等昆虫利用它们的刺吸式口器吸食植物韧皮部的汁液。树叶能合成糖分和多种其他营养物质，韧皮部的汁液将这些营养从树叶运送到根部储存起来。由于植物体内压力的作用，韧皮部的汁液实际上是被"泵入"昆虫的口器中的。J. S. 肯尼迪（J. S. Kennedy）和 T. E. 密特勒（T. E. Mittler）发现，如果从植物上把正在进食的蚜虫拔掉，让它的口器仍嵌在韧皮部的筛管中，汁液会继续从断裂的口器中流出，即使吸食的器官已经被移除。（这一昆虫学发现使植物生理学家第一次轻松获得了纯的韧皮部汁液，其化学成分是他们研究领域的核心问题。）韧皮部汁液的主要成分是水，富含糖分，但其他营养成分比较少。因此，为获取足够的其他营养，如蛋白质和维生素，蚜虫、角蝉等昆虫吸食的汁液量很多，其中的水分和糖分都超出了身体所需。它们把体内过多的糖分和水分通过粪便排出，以至于粪便变成了一种糖溶液，也就是"蜜露"。很多昆虫每天分泌的蜜露是自身体重的好几倍。

蜜蜂采集来蜜露，并酿成蜂蜜。可以说，很多人都间接地吃过蜜露。比如，我的朋友和同事吉恩·鲁宾逊告诉我，德国人尤其珍视蜜蜂用黑森林的杉树上的蜜露所酿成的蜂蜜。在世界上某些地方，人们乐于自己从植物上采集蜜露。弗里德里希·博登海姆说，澳大利亚原住民会大量收集金合欢树上的木虱分泌的蜜露。这些昆

被蚂蚁的触角抚摸后，蚜虫分泌出一滴蜜露。

虫看起来像微型的蝉，又像极了蚜虫，但它们长有善于跳跃的后足，而且雌雄成虫都具有翅膀。澳大利亚中部生长着一种赤桉，几乎每片树叶上都覆盖有大群木虱，它们制造的蜜露产量大得惊人，博登海姆称之为"蜜露－吗哪"（lerp-manna），而当地的阿伦塔人称之为 prelja。每当时节来临，阿伦塔人便大量采集这种甜食。

土耳其西部和伊拉克北部的库尔德人用栎树上蚜虫分泌的蜜露制作出的美味甜食在整个中东地区都很有名。清晨，在蚂蚁私吞掉蜜露前，库尔德人就砍下了栎树的树枝。树枝经过拍打后，蜜露被抖落下来，通常颇为丰沛。暴露于当地干燥空气中的蜜露很快变得如石块一般坚硬。甜食商买来蜜露，放入水中溶解，然后用布将蚜虫和树叶碎屑等残渣滤掉。在过滤后的蜜露中加入调味料、杏仁和鸡蛋，然后煮沸，待其冷却、凝固后就切成小块，裹上糖霜即可食用。一位伊拉克朋友告诉我，这种甜食非常好吃，如果烤一烤，那滋味更是终生难忘。希伯来语将蜜露叫作 man。阿拉伯语也称其为 man，而 man-es-simma 的意思是"从天而降的蜜露"。有些昆虫学家认为，古代以色列人从埃及穿过西奈沙漠时，那些奇迹般从天而降的吗哪其实是罗望子树上的介壳虫制造的蜜露。《出埃及记》提到过这种蜜露："以色列人称之为吗哪：它是白色的，看起来很像芫荽的种子，味道就像蜂蜜华夫饼。"

在《尼加拉瓜的博物学家》（*The Naturalist in Nicaragua*）一书中，托马斯·贝尔特（Thomas Belt）描述了一种蜜马蜂，它们从聚集的角蝉那里采集蜜露，并和同来采集蜜露的蚂蚁不断发生冲突：

胡蜂轻轻碰触年幼的角蝉，角蝉的蜜溢出时，胡蜂像蚂蚁一样，将蜜吸掉。当一只蚂蚁走近一群由胡蜂照管的角蝉时，胡蜂不会跟对手在叶子上打斗，而是会飞起来，悬停在蚂蚁上方；当它的小个子对手完全暴露在眼前时，胡蜂便向蚂蚁冲去，将其撞落到地面上。这个动作发生得太快，我无法判断它是用前足还是用上颚撞击的，不过我猜应该用的是前足。我经常看见胡蜂试图从已经完全占有一群角蝉的蚂蚁手中争夺一片树叶的领地。有时候胡蜂必须撞击蚂蚁三四次，才能让它放弃抓握掉落到地上；有时候蚂蚁会被胡蜂一只接一只快速而轻松地击落。我想这大概是因为某些胡蜂更加聪明的缘故。

很多种类的蚂蚁——但很可能不是贝尔特观察到的那些——会将蜂蜜储存起来以备将来使用，它们被称为蜜罐蚁。与我们刚刚说的蜜蜂和胡蜂不同，它们不建造巢室，也不用蜡或纸做成蜜罐来储存蜂蜜。它们演化出了惊人而独特的储存系统。蚁群中有些工蚁本身就起到了蜜罐的作用，它们是长期储存蜂蜜的"活容器"。其他工蚁外出觅食时，它们便做好准备。当觅食的工蚁满载花蜜或蜜露归来后，它们将这份收成反刍给巢中的蜜罐蚁。正如威尔逊所说，这些蜜罐蚁的腹部"涨得满满的，以至于它们行动艰难，被迫作为'活的蜜桶'永远地待在巢中"。满腹甘蜜的蜜罐蚁——亚利桑那州的一个地下蚁穴中这样的工蚁数量不少于 1500 只——用足部倒挂在蚁穴中，直到它们的"存货"被蚁群需要。

　　世界上已发现很多种不同的蜜罐蚁，它们主要分布在炎热干旱的地区，如美国西南部、墨西哥、澳大利亚、新几内亚和新喀里多尼亚。罗伯特·斯顿珀（Robert Stumper）的实验研究说明，长期储存的蜜可以帮助这些蚂蚁在严苛的沙漠栖息地中生存。当斯顿珀将蚂蚁放在 20℃ 的阴凉环境中时，它们很少会利用储存的蜜，而是会继续勤劳地补充"库存";但到了 30℃时,这些蚂蚁就开始动用它们的存货了。似乎在条件适宜、环境凉爽潮湿时,蚂蚁很少食用储存的蜜;而环境炎热干燥、花蜜缺乏时,随着蚂蚁的代谢率升高,它们就会启用储存的富含能量的蜜来维持生命。弗里德里希·博登海姆提到,早在 1882 年,H. C. 麦库克(H. C. McCook)就报告过,"在食物短缺的时期",经过其他蚂蚁的"适当拨弄后",蜜罐蚁"会被诱导而反刍蜜"。

澳大利亚、墨西哥和美国西部的原住民有采集蜜罐蚁的古老传统,他们至今仍在这样做。当地人将蜜罐蚁的蚁蜜视为美妙的甜味来源,尽管用得不多,但在饮食中占有重要的地位。1908 年,威廉·莫顿·惠勒引用了 1832 年巴勃罗·德·莱夫(Pablo de Llave)出版的文字,其中提到,在墨西哥

农妇和孩童对这些蚁巢非常熟悉,他们为了获得蚁蜜而孜孜不倦地寻找它们。当他们要用蜜罐蚁的蚁蜜做礼物时,会很谨慎地捉住它们,小心地扯掉蚂蚁的头部和胸部,并将它们放到盘子里;若是想当场食用,只要吮吸含有蚁蜜的部分,扔掉剩余部分即可。我听说,扯掉蜜罐蚁的头部和胸部,是为了防止它们互相伤害。因为大腹便便的它们虽不能行走,但放入盘中时,它们会挣扎着抓住对方撕扯,直到变得疲惫不堪,软弱无力。其腹部的表皮非常脆弱,尤其是在如此膨胀的情况下,轻微的穿刺便会致使蜜汁流出。

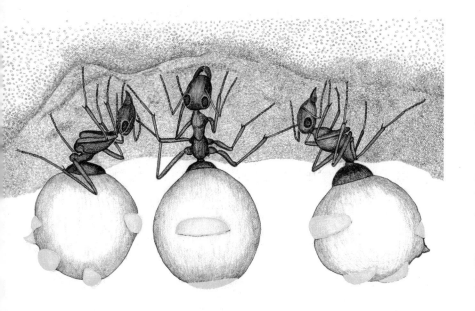

被当作蜜罐的工蚁倒挂于地下蚁穴的顶部。

　　W. 桑德斯（W. Saunders）1875 年在《加拿大昆虫学家》
（*Canadian Entomologist*）上发表的一篇文章提到，新墨西哥州的
"当地人用蜜罐蚁的蜜制作非常好喝的饮料。在墨西哥，妇女和儿
童将蜜罐蚁挖出来，享用蚁蜜，在餐桌上吃到这种昆虫也是毫不稀
罕的事。人们将蜜罐蚁的头部、胸部和足一起拔掉，只吃肿胀的腹
部，并将其当作一种珍馐美馔"。

　　在《人类所食的昆虫》（*Insects as Human Food*）一书中，弗里

德里希·博登海姆通过几位观察者的叙述告诉我们，在澳大利亚的内陆沙漠中，蜜罐蚁的蚁蜜是原住民的重要食物，也是他们能获得的少数甜食之一。由于蜜罐蚁对当地人非常宝贵，阿伦塔部落的一个氏族甚至将蜜罐蚁视为他们的图腾。妇女和儿童安静地站在一边，男人们——他们全身涂抹着干赭土，佩戴着树枝装饰物——表演一场冗长而复杂的蜜罐蚁仪式。族里的妇女承担采集蜜罐蚁的所有工作。第一步便是要找到蚁穴。地面的开口是蚁穴唯一的标志。由于这些洞口旁边没有土堆，因此很难发现。但妇女们寻找蚁穴的速度惊人，她们用棍子将地洞周围的硬土挖松，徒手或用一个小碟子将泥土铲到身后。在有些地方，"整个地面都被翻了起来，仿佛有一支小型勘探队在工作"。她们沿着主要孔道寻找，这种孔道可深达6英尺。在与竖直孔道相交的各个方向的水平孔道中能找到少量蜜罐蚁，不过大多数都聚集在蚁穴底部的一个大巢室内。

"当地人想吃蚁蜜时，会揪住蚂蚁的头，双唇夹住其肿胀的腹部，将其腹中物挤进嘴里。"博登海姆写道。关于蜜罐蚁的味道，他是这样描述的："上腭先是感受到乙酸的刺激"，那是蚂蚁的化学防卫武器，"但轻微且短暂；蚂蚁的腹膜破裂后，随之而来的是一股美妙而醇厚的蜜糖滋味"。

在下一章你将会看到，昆虫曾被当作药方，用于治疗你所能想到的几乎所有人类疾病。有些药用昆虫的效果很好，时至今日仍在使用；但也有很多"药方"毫无价值，不过是出于迷信，甚至有些从现代科学的角度来看是荒诞可笑的。

第九章

灵丹妙方

1921 年，威廉·毕比（William Beebe）在英属圭亚那（现在的圭亚那合作共和国）挖掘一个切叶蚁的地下蚁巢时，遭到一群愤怒蚂蚁的自卫反击。其中有体型较小和中等的工蚁，也有巨大的兵蚁，后者体长约 1 英寸，长着巨大而有力的上颚，凶狠坚定地咬穿了威廉的皮靴。直到第二年，他取出皮靴，"发现上面还牢牢粘着两只（兵蚁的）头和上颚，它们是去年那次突袭中的勇士"。他继续写道："这种机械式、如同老虎钳一样的咬合，完全不取决于蚂蚁有无生命。圭亚那的印第安人深谙此道并对其加以利用。他们不再缝合较长的伤口，而是采集很多巨大的切叶蚁兵蚁，让它们的上颚咬在皮肤边缘，便可以起到缝合的效果。蚂蚁咬住皮肤后，它们的身体会被掐掉，只剩一排上颚留在皮肤中，直到伤口痊愈。"

　　E. W. 古杰尔（E. W. Gudger）说，公元前 2000 年，远在东半球的印度已出现用蚂蚁缝合伤口的创新做法。关于这种操作最早的文字记录出现在古代梵文典籍《吠陀经》的第四卷。活的黑蚂蚁被用来缝合"肠梗阻手术中肠壁上的切口"。而这种做法竟然在 3000 多年前就已出现过！这套知识后来被阿拉伯人学会，他们以伊斯兰教的名义在公元 8 世纪横扫阿拉伯半岛，征服了非洲北部和西班牙以及法国南部的一些地区。一位名叫阿尔布卡西斯（Albucasis）的阿拉伯医师，12 世纪时在西班牙从医，曾使用蚂蚁来缝合伤口。在中世纪后期和文艺复兴早期的欧洲，蚂蚁仍被广泛用于缝合伤口。当时有些外科医生嘲笑蚂蚁的这种用途，认为这早已过时，17世纪后欧洲的外科医生似乎逐渐停止了这种操作。不过，这种方法至少在地中海地区的东部和南部延存到了19世纪。

据古杰尔说，大约在1890年，亚洲土耳其有位绅士从马上摔下来时磕破了额头。按照该国的习俗，他去一个希腊理发师那里处理伤口：

（理发师）用左手的手指将伤口边缘并拢在一起，右手执一把镊子夹起昆虫。蚂蚁因为自卫而大大张开上颚。他将虫子小心地靠近伤口后，它便牢牢夹住突出的表皮，刺穿皮肤，顽固地保持不动。与此同时，理发师将蚂蚁从胸部切掉，只留下头部，让它的上颚继续扣紧伤口。此番操作不断重复，直到伤口上夹有约10个蚂蚁头。如此保持约3天，待伤口愈合后，再将蚂蚁头移除即可。

1945年，一位法国外科医生在报告中讲到阿尔及利亚有一种甲虫被当地医生用来缝合伤口，操作和上述做法类似。通过古杰尔的翻译，我们得知这种昆虫来自步甲科蝼步甲属（*Scarites*），这是一种在地表活动的甲虫，长着不同寻常的长且锋利的上颚。甲虫咬合伤口边缘后，它的身体会被从头部切断。阿尔及利亚的医生用胶带覆盖上颚的基部，防止它们松脱。但这位法国外科医生说，其实不需要这样的预防措施，因为上颚的扣锁非常紧固，必须切断上颚才能将其拔下来。利用蚂蚁或甲虫作为夹具无疑比用针线缝合伤口再打结要快速方便得多。我最近因手腕骨折做了一个小手术，医生在缝合切口时用的是金属钉，其作用就类似于蚂蚁或甲虫的上颚。

蚂蚁的上颚无疑非常管用。但如今，我们往往视其为"民间土方"，认为它们不过是迷信而已。我们的这种态度可能要追溯到对中世纪荒谬的形象学说（doctrine of signatures）的集体抵制。当时的形象学说认为地球上的任何一种植物和动物都是被造物主放在世间为人类服务的，造物主给每种生物打上"印记"，以表明其用途。因此，人们常常依据动植物的外形判断其功效。比如地钱（liverwort）这种苔类植物，人们认为它可以治愈肝病，因为它的叶子形状很像肝脏；蠷螋（earwig）的后翅形状酷似耳朵，故而被想象成可治疗耳痛的药方。但也不能说所有的民间疗法都无用。接下来你会见到，蜂蜜真的具有药效。将柳树皮煎成汁是一种古老的民间药方，用于治疗头痛和发热。柳树含有阿司匹林，化学名为乙酰水杨酸（salicylic acid），它的名字是从柳树的属名 *Salix* 衍生而来。如今止血笔中的明矾是一种家喻户晓的止血剂，用于为剃须伤口止血，但据弗兰克·考恩说，虫瘿中的鞣酸，比如墨水制造工艺中所用的那些，"是最强效的植物成分止血剂"，曾在 19 世纪得到过成功的应用。民间疗法有效性的进一步证据体现在很多现代药物

根据形象学说，这只蟑螂后翅的形状酷似耳朵，表明它可以治疗耳痛。

侦察员的成功案例上。他们走遍全球去收集部落中巫医的经验，希望利用民间智慧制作新药，并且取得了不错的成效。

很多民间药方——曾经有人无知无畏地使用过——显然毫无价值，如今看来很可能是荒谬可笑的。比如，考恩写过，"瓢虫（甲虫）曾经被认为是治疗腹绞痛和麻疹的灵药，经常被推荐作为治疗牙痛的药方。据说将一两只瓢虫磨碎放入牙洞中，可立刻缓解疼痛"。他还告诉我们：

18 世纪后半叶，佛罗伦萨的戈基教授（Prof. Gergi）曾撰文讲述一种象鼻虫的历史，他将其命名为 *Curculio anti-odontalgicus*。他向我们保证，这种昆虫治疗牙痛的特性可谓名副其实。他告诉我们，将十四五只这种甲虫的幼虫放在大拇指和食指间磨搓，直到它们的体液被手指完全吸收，然后用拇指或食指触摸疼痛的龋齿，疼痛就会消除。他总结说，这样处理过的手指若没有用来触碰牙齿的话，止痛效力会维持长达一年！

人们还认为，将磨成粉的蟑螂与野兔的尿液混合后灌入耳中可治疗耳聋。老普林尼建议，将一只肥甲虫磨成粉与玫瑰精油混合，用一小团羊毛蘸染这种混合物后放入耳中，可缓解耳痛；但是他警告说，必须很快将羊毛取出，以免生出"幼虫或小蠕虫"。J. G. 伍德（J. G. Wood）在 1883 年出版的《家中的昆虫》（*Insects at Home*）中写道，瑞典农民相信蚱蜢的叮咬会消除人身上的疣。据说臭虫可中和蛇毒。考恩告诉我们，利用这种吸血昆虫最不令人反感的方法是将其碾碎，混以乌龟血，外敷于伤口上。他还在报告中说，人们认为将干制的蚕磨成粉涂抹在头顶可"消除眩晕和痉挛"。老普林尼写道，若"将一只锹甲拴在孩子的颈部，可以使他们憋住尿"，还有"某种蓟的虫瘿曾经很有名，因为人们认为只要把它放在口袋中，便是止血的特效药"。考恩告诉我们，一位古罗马执政官"会随身携带一只活苍蝇……他将它裹在一块白色亚麻布中，并严正声明这一做法使他免于眼疾困扰"。此外，考恩引述了一例从现代观点看来极为好笑的治秃头的药方：

瓦罗（Varro）称，将新鲜的苍蝇头抹在秃的部位，对于具有上述缺陷的人来说是一剂非常方便的良药。有人用苍蝇血治这种病。有人将苍蝇烧成灰，与纸灰或者坚果烧成的灰混合，注意灰烬中只能有三分之一是苍蝇灰，将这种混合灰抹在没有头发的皮肤上，连续使用 10 天即可见效。还有人将菜汁、人奶和苍蝇灰调和敷用，也有人只在苍蝇灰中加入蜂蜜。

文中所谓的"苍蝇"，其实是一种斑蝥（芫菁科）。它们会分泌斑蝥素，即一种刺激性化学物质，能引起皮肤起泡，曾被人当作口服春药——不过没有什么效果，反而很危险。过去，因为它具有刺激和发热的效用，常被医生用于皮肤上，就像曾祖母在小孩子的胸口抹上刺激性的芥末膏，误以为那样会缓解感冒症状一样。罗伯特·L.梅特卡夫和罗伯特·A.梅特卡夫引述了这样一句话："19世纪，美国民众将斑蝥用于治疗各种疾病，这些不开化行为带来的痛苦甚至超过了人们在南北战争中遭受的苦难。"

话虽如此，你也会看到，某些昆虫和昆虫产物实际上是如今人们使用的切实有效和非常重要的药物，确实可以缓解人类的病痛。

食腐昆虫——如某些常见丽蝇的蛆（幼虫）——能够利用动物

尸体，发挥着不可或缺的生态功能。它们的近亲，臭名昭著的螺旋锥蝇，会感染活体动物的伤口，以新鲜的肉为食，奶牛甚至人类都会被其所扰，但丽蝇只吃腐肉。由于这个原因，丽蝇的蛆，主要是丝光绿蝇（*Lucilia sericata*）和伏蝇（*Phormia regina*）的蛆，在清创、去除伤口腐肉的医疗操作中非常有用。

1931 年，曾在第一次世界大战中服役的军医威廉·贝尔（William Baer）写到他在欧洲治疗伤员的经历：

1917 年一次特别的战役中，两名遭受开放性骨折的士兵被送到医院，他们的股骨骨折，腹部和阴囊出现大片伤口。他们是在交战中受伤的，因为地处乡村，灌丛浓密，所以在清点伤员时，他们被疏漏了。他们连续 7 天躺在战场上，没有水，没有食物，暴露于野外和周遭的昆虫中。他们被送达医院时，我发现他们并没有发烧，也没有败血症或血液中毒的迹象……

这个不同寻常的案例立即引起我的注意。我不明白，为什么一个人股骨开裂，躺在地上 7 天，没有水和食物，竟然不发烧也没有败血症的迹象？解开他们的衣物后，我惊讶地看到，伤口里爬动着上万只蛆，显然那是丽蝇的蛆……

这幅景象让人作呕，护士很快采取措施，快速洗掉了这些让人反胃的东西。她们以生理盐水清洗了伤口，暴露的伤口显现出更加令人震惊的模样。伤口不像大家预想的那样因为细菌感染而充满脓液,而是已经长出了肉芽组织,呈现漂亮的粉红色。(肉芽组织的出现是伤口愈合过程中的关键步骤。)

贝尔此后开始将蛆作为清创剂使用。如今这种方法被叫作"蛆虫疗法"。

贝尔提到蛆时用到"让人作呕"这样的字眼,表达了人类对蛆共有的偏见。但是,被自己亲眼目睹的证据说服后,他很快克服了不理性的偏见,发表了上面引述的学术文章,解释了用蛆治疗受感染伤口的方法。(为照顾精神脆弱的病人,蛆虫疗法也有其他不那么让人恐慌的名字:幼虫疗法或生物清创法。)

贝尔的发现不算新闻。据罗纳德·舍曼(Ronald Sherman)和爱德华·佩奇特(Edward Pechter)说,蛆虫疗法早就被墨西哥和危地马拉的古代玛雅人、澳大利亚新南威尔士的甘伯族(Ngemba tribe)和缅甸的山民(hill people)使用过。1829年,拿破仑军队的一位外科医生发现,将蛆用在战争创伤中可以预防感染并促进伤口愈合,但我们不确定他是否实践了蛆虫疗法。贝尔写道,某位美国南部的外科医生可能是西方第一位使用蛆虫疗法的医生。他报告说,蛆虫在一天之内就能很好地清理伤口,而且效果比他手头可以调用的任何药剂或疗法更为出色。他认为,正是蛆虫疗法的使用让他成功保全了许多将士的四肢,挽救了大量伤员的生命。

据舍曼和佩奇特说,到了贝尔那个年代,蛆虫疗法早已成为广为接受的医疗技术。约有 1000 位美国外科医生曾使用过这种疗法，立达医药公司曾以 5 美元 1000 条的价格出售过无菌蛆虫（当年的 5 美元相当于现今 100 美元）。据威廉·鲁宾逊（William Robinson）说，1933 年以前，蛆虫疗法曾在美国和加拿大的 300 所医院中使用，有些医院还配有培养无菌蛆虫的设备。

在磺胺类药物和青霉素等抗生素普及后，蛆虫的应用就逐渐减少了。到 1940 年中期，已经很少有人使用蛆虫疗法，只将它们作为最后的应急手段。比如，1990 年伊利诺伊州尚佩恩市的一位外科医生使用丽蝇蛆虫治疗了一位患糖尿病的女士腿部长期难以治愈的深层感染，使她最终免受截肢之苦。护士告诉她："当所有的传统方法都不管用时，你只能什么招都试试了。"多年以来，伊利诺伊大学的昆虫学家曾多次向当地医生提供无菌蛆虫。

近年来，由于人类不假思索地过度使用抗生素，致病菌对抗生素很快就产生了更强的抗药性，医用蛆虫的需求有逐渐增加的迹象。抗药细菌的种类一直在持续增加。有些经常存在于医院中的细菌已经对现在所有可用的抗生素都产生了抗药性，比如葡萄球菌。2000 年，舍曼观察到："世界范围内，使用蛆虫疗法的从业医生或医疗中心从 1995 年的不到 10 个，增长到如今的近 1000 个。"他在报告中说，从 1995 年到 2000 年，英国有 1 万批无菌蛆虫被发往 700 个治疗中心。据科学作家芭芭拉·梅纳德（Barbara Maynard）说，2004 年，舍曼"给美国的医生和诊所寄过 1500 瓶蛆虫，发往

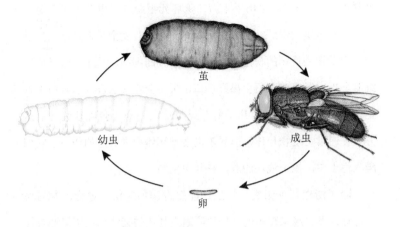

蛹

幼虫

成虫

卵

蛆虫疗法中使用的丽蝇的生活史

世界各地的蛆虫超过 3 万瓶"。

乍看之下，给蛆虫灭菌似乎是一件难事。食肉蝇（麻蝇科）的确如此，因为它们会直接生出活的微小幼虫，而不是像丽蝇（丽蝇科）那样产卵。新生的食肉蝇蛆虫非常脆弱，在灭菌时很难不伤害到它们。而丽蝇的幼虫受到卵壳的保护，因此可以用化学消毒剂安全地为其杀菌，而不伤害其中的胚胎。

那么，蛆虫到底做了什么，竟能让感染的伤口愈合？它们清理创口时，做的事跟医生一样——但更为精细，也更加简练。《韦氏新大学词典》（*Webster's New Collegiate Dictionary*）将"清创术"

（debridement）定义为"清除破损、失活或受污染（感染）组织的外科手术"。外科医生用手术刀切除坏死组织时，也会不可避免地切掉一些健康的组织。但蛆虫清除坏死组织时完全是在细胞尺度进行，而且作为挑剔的食客，它们只吃坏死的细胞，从来不碰健康的细胞。蛆虫发育成熟后会离开伤口，医生会将其从伤口的敷料中移走。在自然界，它们同几乎所有蝇类幼虫一样，会离开进食的地方——通常是动物尸体，但偶尔也会是活体动物溃烂的伤口。它们爬入泥土中，挖个浅浅的洞，在其中化蛹。

除了清理坏死组织，蛆虫还能促进和加速伤口愈合，并对伤口进行消毒。越来越多的证据表明蛆虫制造的某些物质可以通过促进肉芽组织的生长而加速伤口愈合。早在1935年前，威廉·鲁宾逊就发现，蛆虫在伤口上涂布的尿囊素刺激了愈合过程。尿囊素是蛋白质代谢产生的废物，具有抗菌特性。昆虫自身分泌的这种抗菌物质对于它们而言是生存利器，因为跟它们抢夺坏死组织的主要竞争对手就是细菌。

蜂蜜不仅是营养又美味的甜食，而且数百年甚至上千年以来，来自不同文化背景的很多作家都写到过它的药用特性，有些药性只是人们的想象，而有些已被证明确实有效。我们将会看到，近年来人们对蜂蜜治疗效果的兴趣正在复苏。

在题为《人类历史上第一部药典》（The First Pharmacopeia in Man's Recorded History）的文章中，塞缪尔·克莱默（Samuel Kramer）提到了一块苏美尔的泥板文书，上面刻着楔形文字，记录的可能是一种药膏的配方："捣碎河泥，倒入蜂蜜和水加以揉捏，再在上面洒上'海油'（sea oil）和热柏木油。"这块约有 4000 年历史的泥板，是在尼普尔市的废墟中被发现的。尼普尔市离现在的巴格达不远，是古代苏美尔文明的精神文化中心。伊娃·克兰写道，古埃及的一份 3500 年的莎草纸手稿中包含了蜂蜜作为外用药的 147 个药方。吉多·马诺（Guido Majno）说，古埃及的手抄本中列出了 900 种药物，蜂蜜是其中 500 种药物的成分。还有些手抄本推荐将蜂蜜作为"创伤、烧伤、脓肿、化脓性疼痛和坏血病导致的皮肤问题的敷料"。鳄鱼粪便、蜂蜜和硝石的混合物曾被作为避孕药的配方。1993 年，克兰从埃及人那里得知，浸在蜂蜜和柠檬汁中的棉布至今仍被用作避孕用具。

古希腊人和古罗马人跟这些埃及人一样，不仅看重蜂蜜，也因为蜂蜡和蜂胶真实或传说中的药效而格外珍惜它们。（你已经读到，蜂胶是一种黏稠的物质，由蜜蜂采集的植物树脂构成。）希尔达·兰森写道，伟大的希腊医生、药物学家和公元 90 年《药物论》（De Materia Medica）的作者狄奥斯科里迪斯（Dioscorides）经常将蜂蜜、蜜酒、蜂蜡和蜂胶作为药物在书中提及。尽管狄奥斯科里迪斯是希腊人，但他曾作为外科医生陪同罗马帝王尼禄（Nero）的军队出征。他的《药物论》最初用希腊语写成，后来很快被翻译成拉丁语等多种语言。这部书是古代地中海文明的药学"圣经"，直至 15 世纪末都是欧洲药物学的重要教科书。全书共有五卷，第二卷主要阐述了动物的产物及其衍生产品的药用和食用价值，如蜂蜜、蜂胶和蜂蜡等。

狄奥斯科里迪斯的著作写成近 600 年后，穆斯林的圣书《古兰经》也提到了蜜蜂："从蜜蜂的腹部流出一股色泽不同的糖浆，可以作为治愈疾病的良药。这无疑是一种引发人们思考的征兆。"（译自 N. J. 达伍德［N. J. Dawood］翻译的英语版本。）1371 年，阿拉伯作家卡玛尔（Kam al nil-Din ad-Amiri）写了一本书，被兰森评价为关于动物的趣味之书，当中写道："最上等的蜂蜜来自蜂巢之内，是绝佳的药物，若用水烧煮则会失去治疗特性。它对眼睛尤其好。如果小狗在打闹中被咬伤了，也可以用蜂蜜治疗。"

多个世纪以来，欧洲大陆和不列颠群岛也将蜂蜜当作药物使用。比如，在基督教诞生之前，芬兰人就意识到了蜂蜜的药用价值。《卡勒瓦拉》（*Kalevala*）是一部在芬兰民间口述传诵的史诗，直到 19 世纪才有印刷版。兰森的《神圣的蜜蜂》（*The Sacred Bee*）一书引述了一段《卡勒瓦拉》中的文字：

> 蜜蜂从地面飞起，
> 沾蜜的翅膀迅速扇动、嗡嗡作响，

它向上攀升，

跨过月亮，

翻过阳光的边界，

落在大熊星的肩头，

穿过北斗星继续飞行，

飞往造物主的地窖，

来到神的厅堂。

那里药方都已配好，

银质小锅中

或金色水壶里，

正在小火慢炖着药膏。

下面的诗行写的是一位母亲想要用来让儿子起死回生的蜂蜜膏药：

这剂膏药正为我所需，

这是上帝送来的膏药，

来自高高在上的神灵（Jumala），

是造物主治愈众生的良方。

Jumala，也叫 Ukko，是天空中的异教之神。

第一本有关蜂蜜的英语书，由约翰·希尔（John Hill）在 1759 年所写，R. B. 威尔逊（R. B. Wilson）和伊娃·克兰曾引用过其中的文字，书名为《蜂蜜能预防多种严重疾病，尤其是哮喘、咳嗽、声音嘶哑和晨痰不清》(*The Virtue of Honey in Preventing Many of the Worst Disorders；and in the Certain Cure of Several Others；Particularly Cures and Nostrums the Gravel，Asthmas，Coughs，Hoarseness，and a Tough Morning Phlegm*)。值得注意的是，直到今天蜂蜜仍然常作为止咳药的成分之一。

兰森在书中引述了一则古老的爱尔兰民间故事，说的是一个爱尔兰人得了一种怪病，他的头发突然变白，形销骨立，却找不到医治办法。最后一位乞丐给了他一个建议："你必须去寻找蜜蜂，找到很多蜂蜜，从头到脚抹上。但你必须自己去寻找，如果有人替你做，对你没有任何好处。蜜蜂遍访花朵，吸取其精华，酿成蜂蜜。所以蜂蜜会治好你的病，让你的头发变回褐色，让你容光焕发。"这位爱尔兰人遵行了建议，很快康复如前。

我们的语言也反映了蜂蜜与药物之间的联系。查尔斯·霍格指出："medicine 一词就来自于蜂蜜，第一个音节与 mead（蜜酒）有相同的词根。"你在第八章已读到过蜜酒的故事，它经常被"认为是长生不老药"。香味蜜酒是一种加入茴香、生姜、迷迭香、百里香或其他草药调味的蜜酒。它的名字来自威尔士语的医生（meddyglyn）一词，反映了香味蜜酒公认的药效。

虽然蜂蜜被冠以的治疗力量常常显而易见地荒谬——至少从现代的角度来看是这样——但的确有许多逸事表明，蜂蜜具有一定的实际药效，甚至一些科学数据也提供了支持。比如在《蜂蜜：美味的良药》(*Honey, the Gourmet Medicine*)一书中，乔·特雷纳（Joe Traynor）提到一则逸事：一位注册护士的胳膊烧伤了，她给自己涂抹了广告里宣传的烧伤药膏。几天后，她的另一只胳膊也遭到相似的烧伤，这次她采用蜂蜜处理。数天后，"经过蜂蜜处理的胳膊彻底痊愈了，而涂药膏的部位伤痕仍然很明显"。

1998 年，内科医生 M. 萨布拉曼扬（M. Subrahmanyam）以科学数据证实了蜂蜜治疗烧伤的效果。他此前曾在医学杂志上发表过 5 篇研究文章，证明蜂蜜治疗烧伤具有肉眼可见的效果。在 1998 年的文章中，他的研究更为深入，通过烧伤组织在治疗前后的活检报告呈现了显微镜下细胞层面的治愈效果。两组烧伤患者均为随机抽取的 25 人，一组用蜂蜜处理伤口，一组用常见的磺胺嘧啶银乳膏处理。结果显示，治疗后的第 7 天，蜂蜜处理组 84% 的患者和磺胺嘧啶银乳膏处理组 72% 的患者明显地痊愈了。第 21 天，蜂蜜组全部痊愈，而乳膏组只有 84% 的人痊愈。这些结果得到了活组织的显微镜检查结果的支持。第 7 天和第 21 天，蜂蜜组的组织修复率分别为 80% 和 100%，乳膏组相应的数据为 52% 和 84%。萨布拉曼扬的结果显示，在治疗烧伤方面，蜂蜜至少跟传统的磺胺嘧啶银乳膏一样有效，而且效果很可能更为显著。

也有相当多的民间传闻和部分科学证据表明，蜂蜜可以缓解甚至治愈一些其他的疾病，包括胃溃疡、肠易激综合征、某些癌症、肝脏问题、白内障等眼部疾病、咳嗽、蛀牙、宿醉，甚至诸事不顺。这份清单上的最后两项"小恙"大概会让你不禁莞尔。但特雷纳却是认真的。蜂蜜中含有的糖分和酶可加速酒精的新陈代谢，因此有助于使人"从过度放纵的状态中快速恢复过来"。蜂蜜和橄榄油的混合物是很好的护发素，可以在洗发前抹在头发上。在一份更为严肃的记录中，不仅有传闻，更有科学证据证明，蜂蜜可以治疗目前已知主要是细菌引起的胃溃疡、细菌性肠胃炎引起的肠易激综合征，还有多种眼部疾病。虽然有些传说不够科学严谨，但也令人信服。比如，特雷纳提到，一名患有严重的可能是晚期胃溃疡的男子痛恨医生，宁愿待在家中受苦也不去看病。一位朋友告诉他，俄罗斯的一项研究表明蜂蜜可以治疗胃溃疡。这名男子便开始了蜂蜜食疗——只饮用蜂蜜与鲜榨西柚汁，别无其他——而且"奇迹般地"痊愈了。

但蜂蜜究竟是如何发挥药效的呢？细菌和其他微生物无法在蜂蜜中生存和繁殖。就像第八章中提到的，蜂蜜含有浓度极高的糖分和极少的水分，因此细菌或其他任何微生物体内的大量水分会由于渗透作用流失到蜂蜜中。失水，导致了细菌的死亡。

蜂蜜还含有多种抗菌物质，这些抗菌物质来自蜜蜂采集的花蜜。这不难理解，植物需要产生各种各样的物质用于自我保护，它们不仅要抵抗吃植物的昆虫，也要防御细菌和真菌。由于不同的植物含有不同的保护物质，蜂蜜中抗菌物质的性质和浓度也会因为蜜蜂采集花蜜的植物种类而各有差异。比如，麦卢卡这种植物是新西兰的一种小型开花灌木，以它的花蜜酿成的深色蜂蜜比大多数其他蜂蜜具有更高的药用价值。一般来说，深色的蜂蜜，比如荞麦的花蜜制成的蜂蜜，比浅色的蜂蜜药用价值更高。

麦卢卡花蜜当然并不具有等同于抗菌剂的效力。在新西兰，不同品种蜂蜜的抗菌能力受过评估，并与防腐剂苯酚（石炭酸）的效力进行比较。结果测出蜂蜜中含有 UMF（unique manuka factor，独特的麦卢卡因子）。UMF10+ 的麦卢卡蜂蜜等同于浓度为 10% 的石炭酸的效力。据特雷纳说，一罐 17 盎司的 UMF10+ 的麦卢卡蜂蜜要卖 25 美元，而一罐同等重量的未定级的普通麦卢卡蜂蜜只要 3.39 美元（2001 年的价格）。

使蜂蜜具有抗菌特性的化学物质之一是过氧化氢，这是一种古老的备用消毒剂，有时仍会出现在家中的急救药箱中。外用过氧化氢可以杀死细菌，但已不再受人们的欢迎，因为它暴露于光照和空气中会很快失效，并且高浓度的过氧化氢会损害组织细胞。而蜂蜜经过伤口中的体液稀释后，会持续不断地产生微量的过氧化氢。缓慢释放的过氧化氢足以杀死细菌，却不足以损伤人体组织。

蜂蜜中存在抗菌物质可以通过细菌学的一个经典操作轻松证

明。亚历山大·弗莱明（Alexander Fleming）正是通过这个方法发现了青霉菌的杀菌特性，这种真菌就是第一种现代抗生素——青霉素的来源。方法很简单。在加盖的培养皿中放入富含营养的琼脂凝胶，让细菌在里面生长；将待检测的物质取一滴——这里用的是蜂蜜——放在琼脂凝胶的表面。如果蜂蜜或其他被检测物质杀死了细菌，这滴物质周围就会出现无菌区域形成的"一圈光晕"。

不同种类的蜂蜜——尤其是深色蜂蜜——都含有抗氧化物质，这在营养方面很重要，因为抗氧化物可以防止脂肪转化成自由基。自由基会损害 DNA（即基因的载体），这些损害最终导致与衰老相关的疾病，比如中风、癌症还有关节炎。蜂蜜中还含有一种叫作类黄酮的植物成分，这在饮食中非常重要，因为据说它可以预防炎症和癌症。

在欧洲、新西兰、澳大利亚和世界上很多国家——值得注意的是美国除外——医生开处方时会将蜂蜜作为一种药物。为什么美国医学界不使用蜂蜜，事实上通常还会藐视蜂蜜呢？我猜，这很有可能是因为蜂蜜属于公有领域，无法申请专利。因此，向来看重利益的医药企业没有兴趣将蜂蜜作为药物加以推广。

2008 年 1 月 1 日发布的一篇美联社报道题为《大自然中的天然抗生素大获好评》，其中提到加拿大德玛科学公司（Derma Sciences）生产的创伤和烧伤敷料"麦迪蜂蜜"，基础原料就是麦卢卡蜂蜜。这些产品最近得到美国食品药品管理局的批准，美国的医师对它们的使用也在稳步增加，已经有很多成功案例。报道中还说，一位在伊拉克军事诊所工作的美国医生在报告中称，用麦迪蜂蜜治疗严重烧伤的儿童，效果比传统敷料更好。儿童们很快痊愈了，而且极少有并发症。他说："假如我自己的孩子被烧伤了，我会毫不犹豫将麦迪蜂蜜用作首选药物。"

还有其他的蜜蜂产品具有或可能具有药用价值。马诺讲述了一个故事：一只老鼠闯进蜂巢后被蜜蜂杀死了，由于老鼠太大，蜜蜂无法将其从蜂巢中运出，便用蜂胶把它团团裹住。老鼠的尸体没有因为细菌的存在而腐烂，而是最终变成了干尸。马诺的故事很有说服力，让人印象深刻，也证明了蜂胶的抗菌效力。有人认为蜜蜂的叮蜇能减轻关节炎引起的疼痛，但这种说法是值得怀疑的。蜂蜡是唇膏和化妆品的成分之一。伯特小蜜蜂牌蜂蜡唇膏被很多人认为是世界上最好的唇膏。蜂王浆是由工蜂分泌的一种物质，只喂给将来成为蜂王的蜜蜂幼虫吃，也一直都是多种女性化妆品的原料。这个思路似乎是因为蜂王浆含有某种神秘的物质，可以使蜜蜂幼虫变成"超级"雌性——一位有生育能力的女王——而不是不育的雌性工蜂，所以它可能会增强女性的性别特征。不过检测结果证明蜂王浆并不含有什么神秘的"女性化"物质。相比看护蜂分泌的"乳汁"，蜂王浆中含有的糖分更多，受到蜂王浆中额外糖分激发的幼虫吃得更多，长得更大，而普通喂养的幼虫注定成为不可育的工蜂。仅此而已。

我的朋友和同事大卫·南尼（David Nanney）和吉恩·鲁宾逊都曾告诉我，生物实验室做研究最常用的动物是小小的果蝇，而非小白鼠。（就是家中有腐烂水果时会出现的那种小飞虫。）毫无疑问，果蝇在经典遗传学的发展中是最重要的实验动物，为现代分子遗传学的发展奠定了基础，因为这门学科需要不断使用它们来开展实验。20世纪初，哥伦比亚大学的托马斯·亨特·摩根（Thomas Hunt Morgan），经典遗传学的巨匠之一，令果蝇成为遗传学领域最重要的研究动物。他证明了细胞核中的染色体携带有遗传因子，即基因；这些基因虽然看不见，但可以被证明是存在的。如今，分子遗传学家可以在染色体的主要组成部分——DNA双螺旋分子的长链上定位到特定的基因，并且分析它们对人体结构、生理和行为产生的影响。他们的工作曾经并将继续对人类理解生命产生巨大的影响，即生物是如何演化、运转和繁殖的。对我们所有人来说意义非凡的是遗传学推动了医学知识的进步，促进了人类对免疫系统和遗传疾病的了解，如囊性纤维化、镰状细胞贫血、血友病、泰－萨克斯病，等等。

在第一章中我们遇到了人们喜爱的昆虫：让人着迷的可爱瓢

虫，点亮黑夜的闪闪萤火虫，令夏日生辉的美丽蝴蝶。现在让我们来看看那些娱乐大众的小虫以及科学机构中的昆虫"助理"吧：作为宠物被养在家中的螽斯，让人一掷千金的蟋蟀，在马戏团里表演的跳蚤，以及"幕后英雄"——在博物馆和动物实验室中清理骨架的食肉甲虫。

第十章

戏虫之乐

秋高气爽的时节，偶尔有田蟋蟀跑到我家屋子里，在起居室的壁炉边安顿下来。它的来访很受我们欢迎。虽很少看见它，但我和妻子女儿都喜欢它夜间欢快的唧唧声。（别担心，在天寒开始使用壁炉前蟋蟀早已离开了。）有些人不欢迎家中有蟋蟀造访，可能是因为他们把蟋蟀与蟑螂搞混了。也有一些欢迎它们的人，在东方尤为常见。查尔斯·狄更斯的小说《炉边蟋蟀》（*The Cricket on the Hearth*）中有这样一个情节，多特·皮尔丽宾格尔（Dot Peerybingle）欢迎丈夫回家时，家蟋蟀便开始唱起歌来。她的丈夫评论说："它今晚比以往都更快乐一点。"多特高兴地答道："它一定会给我们带来好运的，约翰！火炉边有一只蟋蟀是世上最幸运的事了。"

　　闯入我家的蟋蟀是一只体型较大、浑身油亮的黑家伙，长着褐色的翅膀和优雅而纤长的触角。我们能判断它是一只雄性，因为雌蟋蟀不会唱歌。蟋蟀成虫和很多其他种类的成虫与鸟类一样，因为相同的原因而"歌唱"——为警告其他雄性离远点并且为了吸引雌性。可以料想的是，雄虫和雌虫都有耳朵，但它们耳朵的位置在人类看来似乎极不寻常——位于一对前足胫节的基部。据约翰·亨利·科姆斯托克说，田蟋蟀鸣唱时，会抬起牛皮纸一般的前翅（鞘翅），约45度角，用一边翅膀上的弹器去刮另一边翅膀上的锉刀状弦器，从而发出悦耳的声音。文森特·德蒂尔（Vincent Dethier）在一本好玩的小书《蟋蟀与螽斯，音乐会与独奏》（*Crickets and Katydids，Concerts and Solos*）中写道："如同小提琴的琴弓拂在弦上，让琴弦产生振动，振动通过琴马传遍小提琴的琴身，使之发出共鸣；蟋蟀在锉刀状的小齿上拉动弹器，也可以使鞘翅发出回响。"

英语中蟋蟀的名称是一个拟声词，来自于它所发出的声音。弗兰克·考恩写道："它的英语名字叫 Cricket，法语叫 Cri-Cri，荷兰语叫 Krekel，威尔士语叫 Cricell……这些名称显然都是取自这种昆虫发出的'唧唧'声。"

———※———

有些蟋蟀被称为"温度计"，因为它们的叫声频率与气温有关。因为蟋蟀是冷血动物，没有内部机制来调控体温——如同青蛙和蜥蜴一样——它们歌唱或其他活动的频率会随着气温而变化。天气温暖时，它们歌唱的频率会高一些；天气寒冷时，频率则会降低。因此，气温就可以通过蟋蟀鸣唱的频率来进行估量。比如，保罗·维利亚德（Paul Villiard）给出了一个按照常见的田蟋蟀鸣叫频率来计算气温的公式。数出在 15 秒内一只蟋蟀发出鸣叫的次数，这个数字加上 50 就是气温的华氏温度值。类似地，一只雪白树蟋 15 秒内的叫声次数加上 37 也可以得出气温的华氏温度值。

下次你在乡间漫步时，尤其是在灌木林边缘的草地附近，可以停下来听听蟋蟀、蚱蜢和螽斯的大合唱。德蒂尔以欢乐而富有洞察力的文字描述了初夏自己在新罕布什尔州时身边响起昆虫大合唱的画面：

自打温暖宜人的六月到来后，越来越多的音乐家逐渐加入到这支管弦乐队中来。它们演奏的音乐已然表现出一种深沉、复杂和多变的情绪。音乐中不断有新的声音、节奏和组曲的加入。诚然，这只是做了个音乐的类比，因为在昆虫的世界里，每种乐器是仅具备一个音调的简单装置。但另一方面，由于乐器种类繁多，因此乐曲中也会出现不同的音调。整体来看，还会有强音、弱音、合奏、独奏，以及各种主题的变化。这样的旋律前所未闻，也不曾有作曲家替整个乐队编排，没有指挥家去演绎和指挥，但最终呈现出的是一首对大自然的赞歌。

1898 年，东京帝国大学的英语文学教授小泉八云写到日本人对自然界的热爱，他的文字至今影响深远：

早在人们（用小笼子）养鸣虫成为风尚以前，这些昆虫的音乐早已被诗人赞美而写入秋景。10世纪的诗集中有很多关于鸣虫的逸事趣谈，不少年代更为久远的作品中也有类似的内容。如今成千上万的游客会在特定的时节赶赴赏花胜地，欣赏樱花、梅花等等，只是为了那份看到满树盛花的喜悦；而古时，城市居民去乡间秋游，也不过是要欣赏蟋蟀和蝗虫交织的唧唧鸣叫，尤其是为了倾听鸣虫夜间的歌声。

众所周知，日本人和中国人为了享受鸣虫的叫声，而在家中笼养蟋蟀和其他昆虫。对此我之后再详述。先带你了解一个不为人知的风俗，不过这在19世纪的欧洲并不少见。我们在弗兰克·考恩的书中可以读到，在西班牙，"紧随时尚的人"会在笼子（grillaria）里饲养"一种蝗虫（gryllo），只为欣赏它的叫声"。如同金丝雀一样，这种蝗虫被养在教堂里，用来在弥撒仪式上鸣唱。这里说的"蝗虫"很有可能是一种蟋蟀。蝗虫其实并没有特别美妙的叫声。另外，gryllo和Gryllidae两个词均指代蟋蟀科，它们来自相同的拉丁词源。我们也从小泉教授那里了解到，过去德国的年轻人会用专门装鸣虫的小盒子饲养田蟋蟀。"他们晚上将装着蟋蟀的小盒子带到卧室里，在唧唧吱吱的安眠曲抚慰下酣然入睡。"

将鸣虫作为宠物的习俗很可能源于中国，之后传到了日本。1928年，徐荫祺写道："它们悦耳的美妙颤音或'歌声'……自古吸引着中国人的关注。人们将蟋蟀像犯人那样囚禁在笼子里，以便随时都可以倾听它们的音乐会。"伯特霍尔德·劳弗（Berthold Laufer）1927 年为芝加哥菲尔德自然博物馆写的宣传册上说，早在唐朝中国人已开始笼养蟋蟀来享受它们的歌声。13 世纪早期，宋朝的一位国家官员贾似道写了一部《促织经》（*Book of Crickets*），直到 19 世纪仍然非常有用。劳弗说："这位作者本身就是一位狂热的蟋蟀爱好者，他将自己熟知的各个种类的蟋蟀进行了细致的描写和精细的分类，并详尽记录了饲养方法。"劳弗进一步写道：

　　中国最早的诗歌总集《诗经》中的《颂》早已有过对蟋蟀的赞颂。当时的人们喜欢蟋蟀在房屋周围或床下活动时发出的唧唧啾啾的鸣声。蟋蟀被视为寓意美好的动物，如果炉灶边有很多蟋蟀，就预示着这户人家财运亨通。秋天蟋蟀的歌声响起时，便意味着纺织工要开始工作了。

　　蟋蟀发出的声音……让中国人联想到纺织工手中梭子的咔嗒声。因此蟋蟀在中国又有一个名字叫"促织"，意思是"敦促织布的人"。"莎鸡"则是蟋蟀的另一个昵称。

　　公元 8 世纪时，有一本中国的书上说，"宫女"抓来蟋蟀，放在金制的小匣子中，搁于枕边，便可以在夜间听到蟋蟀的叫声。老百姓用的小匣子则是用竹子或木头做的，其中有些可称得上不折不扣的艺术品。后来，人们冬天装蟋蟀的匣子是用葫芦以手工制成。

这种葫芦是放在陶土模子里强制成形的。将未来会长出葫芦的花塞进模具中，葫芦会长成模具呈现的各种形状。为宫里定制的葫芦匣子，其内部的表面刻有精美的浮雕图案。当时的中国男子不论去哪儿都要在衣服里塞上蟋蟀和葫芦。劳弗写道："在路上匆匆而过的男子身上，能听到蟋蟀从温暖安逸的藏身之所传来的厉声鸣叫。"夏天时，有钱人的腰带上系着雕工精致的核桃壳，里面装着蟋蟀。

　　20世纪20年代以及之前很长时间，中国的市场上曾出售蟋蟀。（最近，伊利诺伊大学昆虫学系的中国研究生王颖〔Ying Wang，音译〕确定地告诉我，中国现在仍有精美匣子装的鸣虫出售，尤其是螽斯。）过去，人们会在家中饲养数百只蟋蟀，有时甚至会专门修建几个房间，在里面放上陶罐，用来在夏季安置蟋蟀。财力雄厚的"蟋蟀养殖者"雇专家照料自己的"存货"。在夏季，蟋蟀通常被喂以新鲜的黄瓜、莴苣以及其他绿色蔬菜。冬季时，人们将蟋蟀养在葫芦中，喂以切碎的栗子和黄豆，而在中国南方，人们喂给蟋蟀的通常是剁碎的鱼、各种昆虫，甚至还喂一点蜂蜜作为"补品"。

让我们跟着小泉八云的作品穿越到 19 世纪末的一个晚上，在东京庙会小商贩的摊位之间逛逛。小贩们售卖的东西在我们看来格外漂亮，充满异邦特色。摊位上摆放着多彩艳丽的玩具、各种妖魔神怪的画片、无数涂着妖怪面孔的透明灯笼……其中"有一个摊位点着灯，看上去像个魔法灯笼，里面堆着一个个小小的木头匣子，从匣子里传来无可比拟的鸣叫声"。这个摊子卖的正是鸣虫，那些尖细的叫声是蟋蟀和其他鸣虫的混音合唱。小泉教授称日本人是"最具优雅和艺术天赋的民族"，以他们的审美情趣来看，"这些昆虫在当地文化中的地位，丝毫不逊于西方文明中的鸫、赤胸朱顶雀、夜莺和金丝雀"。

日本人将鸣虫作为宠物饲养已有近千年历史。小泉教授从一本叫作《绳文集》的作品中引用了一段：

嘉保二年（公元 1095 年）8 月 20 日，天皇命令侍从和大臣去嵯峨野（Sagano）寻找一些昆虫。天皇交予他们一个用鲜艳的紫色丝线编织而成的匣子……接近嵯峨野时……一行人派侍从前去抓虫子。晚上他们回到皇宫……匣子被恭恭敬敬地呈奉给天皇。当晚宫中畅饮清酒，群臣把酒言诗。皇后和宫女们也加入到作诗的行列中来。

小泉八云说，在东京，鸣虫的"常规交易"始于18世纪末，到1897年已经可以在市场上买到12种蟋蟀和其他鸣虫。那时已出现几个显赫的商贩和养殖者，还有大量主要在庙会期间做生意的流动小贩，而在城区的某些地方几乎每天晚上都有庙会。

"时至今日，"小泉八云写道，"举办聚会时，城市居民还会在花园的灌木丛里摆上装有鸣虫的小匣子，让客人在聆听悦耳虫鸣的时候，也能重温那份乡间的美好回忆。"

所有鸣虫之中，最受喜爱的要数铃虫（即黑树蟋），它们在当今中国仍颇受欢迎。小泉八云说，这种虫子发出的声音像一只小小的铃铛，"或是神道教的巫女在祭祀舞蹈中使用的那种成串的小铃铛"。他将一首关于这种著名鸣虫的日本诗译成了英文：

听那叮叮当当的声音——是铃虫的吟唱！
若一滴露珠也能歌唱，它必会发出这样丁零的声响！

日本最古老的诗歌集《万叶集》（*Manyōshū*）大约编纂于8世纪，

其中提到一种夜间鸣唱的蟋蟀：

> 阵雨细洒在花园草地上。
> 听到铃虫的鸣叫，
> 我便知初秋已至。

在小泉八云所处的年代，东京常有一种体型很大的绿色螽斯出售，叫作"辔虫"，这个名字来自于它的叫声，因为"很像日本旧式马车上的马勒发出的丁零零的声音……夜间听到远处传来这样的声音让人觉得非常惬意。当你第一次听到这种虫鸣时，会情不自禁感叹这种虫子的名字竟含有某种诗意"。关于辔虫的最古老的诗，可能是和泉式部（Idzumi-Shikibu）写的这首：

> 听！——马勒响起来了，那一定是我丈夫
> 正在往家赶——他催着马儿快快跑！
> 啊！我的耳朵受骗了！不过是辔虫在叫罢了！

罗伯特·彭伯顿说，日本人现在仍然爱听笼养昆虫的叫声，但小泉八云1898年所描述的古代日本人精致的"蟋蟀文化"因为受到现代文化的影响，早已消逝。用树枝、竹条或金属丝编织的精美匣盒被透明的塑料容器所取代。宠物店也会将几种鸣虫同塑料盒、泥土

和虫食打包出售。模仿真虫叫声的电子蟊斯只需几美元即可买到。1990 年，东京三越百货公司出售一种高级的电子装置，能够逼真地再现铃虫的歌声，价格约合 200 美元。唱片店里也出售各种鸣虫的唱片，录制好的声音在地铁站和其他公共场所均有播放。

在中国，而非日本，斗蟋蟀是从宋朝以来广受欢迎的一项娱乐活动。对很多人而言，斗蟋蟀不仅仅是娱乐，也是一种爱好；对于那些赌钱的人来说往往会上瘾——有时赌的数目很大——他们把钱押在斗蟋蟀的结果上。据徐荫祺说，在广州，单单一场比赛，蟋蟀主人和看客押下的赌注总额有可能高达 10 万元。不过他并未说明是人民币还是美元。

在我们继续详细了解斗蟋蟀之前，应先搞清楚蟋蟀为什么鸣唱和打斗。这对于大自然中的蟋蟀究竟有何生物学意义呢？简单地说，就是关于交配和繁殖。我们从罗伯特·马修和珍妮丝·马修（Robert and Janice Matthews）那里得知，雄性田蟋蟀能够"演唱"两首截然不同的曲目。我们常听到的叫声是一首响亮的"召唤之歌"，用来吸引雌蟋蟀前往雄蟋蟀的洞中。交配之后，雌蟋蟀便会离开，通过长长的矛状产卵器将卵产在土壤里。另一种声音是"雄赳赳的进攻之歌"，由于音量较小，通常不太能听到，与呼唤声区别很大，是雄蟋蟀为争夺洞穴所有权所发出的声音。这场争夺战中的失败者会落荒而逃。

L. H. 菲利普斯二世（L. H. Phillips II）和 M. 小西（M. Konishi）使用了一系列精巧的实验，证明这种雄赳赳的进攻之歌对于雄蟋蟀有着很强的震慑力。他们先在大量雄蟋蟀身上涂上识别标记，然后将一对对素未谋面的雄蟋蟀放进非常小的匣子内，于是它们会频繁地交锋打架。观察了多次打斗后，两位科学家对经常战败的蟋蟀进行麻醉，让它们前足上的耳朵失去听觉。然后将这些聋蟋蟀与之前战胜过它们的蟋蟀重新配对比赛。结果是以前的那些常败将军几乎每次都打败了之前的胜利者！最有可能的原因是，这些失去听觉的蟋蟀因为听不到对手的叫声而不再感到受威胁。另一方面，那些没有失去听觉的雄蟋蟀之所以输掉比赛，是因为它们被对手的叫声吓到了，因为对方虽然"聋"了，却没有"哑"。据我所知，斗蟋蟀圈的那些爱好者并没有——或者说尚未——为了斗赢而让自己的蟋蟀失去听觉。

善于打斗的蟋蟀极为珍贵，劳弗说："冠军蟋蟀售价高达 100 美元，这在中国相当于一匹好马的价值。"它们被给予极其细致的照料。蟋蟀的食物通常是一点米饭，掺杂有新鲜的黄瓜、煮熟的板栗、莲子和蚊子。有些蟋蟀爱好者会让蚊子叮咬自己，当蚊子吸饱血后，将其喂给最有希望的蟋蟀战将。劳弗说，老练的蟋蟀玩家非常了解蟋蟀会得哪些疾病，并且知道相应的治疗方法，只是未必有效。吃得过饱而生病的蟋蟀需要喂食"一种红色的昆虫"。如果疾病是寒冷导致的，则需要喂食蚊子；如果是炎热导致的，则需要喂豌豆芽。

"比赛的地点位于一块空地、一片广场或者一个特殊的场馆内。"劳弗在报告中写道。当作比赛舞台的陶罐被放置在铺好绸布的桌子上。参赛蟋蟀需用小秤仔细称重，按身体条件分组后才开始一决高下。如果蟋蟀迟迟不肯开战，那么裁判，即"比赛的指挥者"，会用一根"蟋蟀草"来触碰引逗它们。这种"蟋蟀草"是用老鼠或野兔的胡须插在芦苇、骨头或象牙手柄中做成的。"蟋蟀草"被保存在竹筒或木筒中，而"有钱人会奢侈地使用精美的象牙筒，筒端刻有狮子的形象"。最终，两位参赛者会毫不留情地打斗一番。大多数的打斗以其中一方的死亡而告终，通常因为"更灵活或更矫健的蟋蟀……会跳到对手的身上，把它的头完全地撕扯下来"。

徐荫祺告诉我们，比赛之后，冠军蟋蟀会得到温柔而精心的照顾：

战斗之后，应该允许这些斗士休息 3 到 5 天。已经斗过 30 到 40 场的蟋蟀，则应休息 7 天。受重伤的蟋蟀应与雌虫隔离一两天。需要密切关注那些只打了一场的冠军，在它们再次比赛之前一定要遵循以下处理步骤：比赛后它们应在浮萍汁液中浸洗……再用清水冲干净。水槽中还需加入等量的童子尿和清水。此外，这些蟋蟀应当与雌虫隔离 2 到 3 天。这样，冠军蟋蟀便会恢复最初的战斗力。

那些上颚受伤的蟋蟀也应该被喂以童子尿和清水。

徐荫祺继续写道，冠军蟋蟀死掉后，要为它举办体面的葬礼。"一只打赢过多场比赛的蟋蟀应该被冠以'常胜将军'的称号。它死后，会被放在小小的银质棺材中，庄严地下葬。人们相信如此一来，冠军蟋蟀的主人便会得到好运，来年可以在他最爱的蟋蟀所埋葬的地点附近找到优秀的蟋蟀斗士。"

劳弗洋洋洒洒地描写了人们欢庆斗蟋蟀胜利的场面：

冠军蟋蟀的名字被雕刻在一块象牙匾额上……这些像证书一样的匾额被虔诚地供奉在那些幸运的蟋蟀主人的家中。有时匾额雕刻的汉字是烫金的。胜利是极为欢乐热闹的时刻。人们敲锣打鼓，插旗撒花，象征胜利的匾额醒目地位于队伍的最前方，兴高采烈的主人在一群同样喜不自禁的人群中昂首阔步，将获胜的蟋蟀带回家。他胜利的荣光照耀着整个街区，他的村庄因此而得到的关注度和流言毫不亚于一个诞生了高尔夫或棒球冠军的美国小镇。

王颖告诉我，如今在中国，斗蟋蟀仍十分流行。1949 年到 1976 年，斗蟋蟀曾在中国被禁止，但 D. K. M. 凯万（D. K. M. Kevan）和 C. C. 熊（C. C. Hsiung）告诉我们，当时很多香港人沉迷于赌博性质的斗蟋蟀活动。王颖说，如今赌博在中国是非法的，但地下赌博有可能存在，就像在世界上其他地方一样。

✦

　　美国的宠物昆虫不像在中国和日本那样普遍，不过也有少数几种昆虫为美国人还有加拿大人所喜爱并乐于饲养。蚂蚁农场很受欢迎，尤其受到孩子的喜欢。他们可以透过玻璃看到农场内部，饶有兴趣地观察忙碌的蚂蚁在蚁穴中的各种活动。有些人会捉来蚂蚁，在家里亲手做蚂蚁农场；迈克尔·特威迪（Michael Tweedie）的书《昆虫之乐》（*Pleasure from Insects*）中清楚地说明了制作方法。不过，买现成的蚂蚁农场当然要容易得多。宠物店通常都有售，伊利诺伊州尚佩恩市的一家宠物店把售价定为 30 美元。你也可以在网上找到卖家，不少卖家还会提供 DIY 的工具。

　　养蚕对于大人和年纪大一些的孩子来说是寓教于乐的活动。蚕卵可以从生物供应站买到。虽然蚕宝宝需要频繁的照料，但实际上它们是相当容易饲养的，因为正如我们在第二章了解到的，它们已经被驯化得非常彻底，不需要关起来。它们不会离开食物太远，发育成熟后就会准备结茧。我已经描述过一种相当复杂的商业化养蚕方法，但保罗·维利亚德介绍了一种更为简单的方法，可以使小规模养蚕成为一种爱好。把蚕宝宝养在浅托盘里，无需覆盖，喂以剪碎的白桑树树叶。（它们宁愿饿死，也不吃其他食物。）托盘中的桑叶被蚕宝宝吃掉后，只需将新鲜的碎桑叶撒在它们身上就行。但要注意的是，蚕宝宝很小时，它们吃得非常少，一旦长大，它们就会变得饭量极大，需要喂以大量桑叶——远远超出你的想象。在幼虫阶段的最后 8 天，一只蚕宝宝会吃掉它一生进食总量 95% 左右的桑叶！每隔几天，需要将托盘中蚕宝宝的粪便倒掉。蚕宝宝开始四处活动时就是它们准备结茧的时候，可以预先在旁边放上装鸡蛋的纸板箱或一捆树枝，让它们爬上去结茧。

马达加斯加发声大蠊是动物园里常见的一种会嘶嘶叫的巨型蟑螂（*Gromphadorhina portenosa*），很受游客关注。据罗伯特·巴思（Robert Barth）说，这种大得不同寻常的蟑螂——雄虫可长达 4 英寸——是一种身体沉重、无翅的昆虫，生活在森林地表的落叶等沉积物下面。全世界已知的蟑螂种类有将近 3500 种，同其中极少数种类一样，这种英武的昆虫并不是家居害虫。使其出名的原因之一是雄蟑螂在遇到警报或打斗时，会通过呼吸系统的两个气孔挤出空气，发出很响的嘶嘶声。这种蟑螂有一种罕见的繁殖方式。路易斯·罗思（Louis Roth）告诉我们，跟其他蟑螂一样，马达加斯加发声大蠊的卵从雌蟑螂的身体里排出时，外面也包裹着卵鞘，但与大部分蟑螂不同的是，发声大蠊的卵鞘一直缩在雌蟑螂的"子宫"，即孵化囊中，直到受精卵发育成熟，在其中完成孵化后才排出。

大部分皮蠹科的甲虫，比如生活在地毯、牛皮或食品橱里的蠹虫，因其种类不同，会吃动物的腐肉、毛皮、羊毛制品、储存的食物，或其他有机物质，甚至包括干制的昆虫标本。"这类昆虫，"唐纳德·博罗（Donald Borror）及其合著者写道，"是每个昆虫学专业的学生迟早会遇到的昆虫。想要抓到蠹虫，只需收集一盒昆虫标本，不做防虫措施就行。"在博物馆里，有一种圆皮蠹属（*Anthrenus*）的蠹虫非常微小，大约只有十分之一英寸长，常被称为标本皮蠹。它们以干制标本为食，不仅会损坏昆虫标本，还会危害未受保护的鸟类和哺乳动物的干制毛皮。你可能会觉得这是昆虫的报复。但博物馆的工作人员却特意请来这些"复仇者"的近亲——一种皮蠹属（*Dermestes*）的蠹虫——帮忙清理鸟类和哺乳动物骨架上的皮肉。这种清理骨架的皮蠹长约三分之一英寸，比标本皮蠹大不少。

在自然界，这两种蠹虫都以腐肉为生。那种小小的标本皮蠹更喜欢吃毛皮、羽毛和少量干化的肉，只有在动物尸体湿润的肉质被蛆虫和其他昆虫清理干净后，它们才会飞来享用剩余的部分。

大多数博物馆中都保存有大量清理骨架的蠹虫，就像 E. 雷蒙德·霍尔（E. Raymond Hall）和 W. C. 拉塞尔（W. C. Russell）1933 年描述的那样。当时，在蠹虫没有多余标本可供食用的情况下，人们会用羊头或其他动物的尸体来喂养蠹虫。如今工作人员用干制的狗粮饲喂蠹虫。如果要清理标本的骨架，以松鼠为例，需要先剥皮掏空内脏，除掉大部分的肉后，将其放置在装有数万只蠹虫的容器中。蠹虫的成虫和幼虫都吃松鼠的尸体，但这项工作主要由幼虫完成，因为它们生长速度更快，比成虫需要的食物要多得多。

小型标本，如一只老鼠或老鼠的头骨，大约在一到两天内就可以被彻底剔除余肉。更大一些的标本，比如海豹的尸体，则可能需要一到两周。

M. 李·戈夫（M. Lee Goff）在他那本有趣的法医昆虫学著作《控方苍蝇》（*A Fly for the Prosecution*）中指出，皮蠹作为"尸骨清理者"，会在腐肉刚开始风干时到来。这种表象会让人误以为皮蠹不吃新鲜的肉。其实，这些尸骨清理者非常乐意吃富含水分的肉类，只是在自然界往往无法吃到，因为存在大量其他昆虫与之竞争，尤其是蛆虫。

戈夫解释说，动物死去后，尸体逐渐腐烂、分解，以分子的形式回归到土壤中，这个过程受到一系列不同种类的昆虫和微生物的影响。通常在动物死亡后几分钟内，丽蝇，尤其是绿头蝇，就会来到其尸体中产卵，这开启了尸体腐烂的进程。无数的丽蝇幼虫消耗掉尸体上大部分的肉。之后陆续会有其他昆虫粉墨登场。最后亮相的是白腹皮蠹或者红缘皮蠹，它们会吃掉沾在裸露骨头上的最后一点干掉的毛皮碎屑，而那些骨头则最终会被啮齿动物和某些昆虫利用。

弄懂尸骨腐烂过程中接连发生的事件顺序，可以帮助法医判断人的死亡时间，哪怕尸体已经暴露数天、数周甚至数月，因时间太长而无法通过药物检测来确定时间。韦恩·洛德（Wayne Lord）讲述了一个真实的案件。一具衣冠完整、几乎只剩骨头的男性尸体在路边被人发现。验尸报告显示他属于自然死亡，需要通过搜查他死亡期间的失踪人口档案才能确定其身份。验尸员仅凭尸骨的外观就得出结论，死亡发生在尸体被发现的两到三个月以前。但搜查那个时期的记录实际上是徒劳的。一位法医昆虫学家发现尸体中有活着的丽蝇虫蛹，这表明尸体暴露的时间不超过 35 天；更深入的昆虫学分析表明，死亡发生在尸体被发现前 30 天。尸骨身份的确认结果显示，死者最后一次被人看到是在尸体被发现前的 31 天，当时死者正在案发现场附近搭乘顺风车。

P. T. 巴纳姆（P. T. Barnum）认为，马戏团必须有大象，很大的那种大象，就像著名的小飞象那样。然而，以前也有些马戏团仅用跳蚤表演也能吸引观众前来欣赏。20 世纪 50 年代末，美国最后一个经营多年的跳蚤马戏团——大概在世界范围内也是最后一个——随着经理的去世而宣告解散。我曾在纽约百老汇附近的 42 街的电动游乐场见过那种迷你马戏团。演出在一张圆桌上进行，周围站着十几个人。我对那场表演记得不多，不过对当时那些小得几乎看不见的跳蚤展现出的惊人力量印象深刻。仅仅一只跳蚤就能够拉动某个沉重的物体，比如一个至少比跳蚤大数百倍的迷你马车模型。

跳蚤表演已经有很多年的历史。考恩引用了一位宾利先生

（Mr. Bingley）1745 年在伦敦所写的文章："斯特兰德街的一位心灵手巧的钟表匠展示出……一辆有四个轮子的象牙马车模型，那上面的配件非常齐全，车上还坐着一名车夫，所有这些仅靠一只跳蚤就可以拉动。"1830 年，在英国肯特郡的集市上，一名男子展示了一辆由三只跳蚤拉动的马车、两只跳蚤拉着的战车以及一架由跳蚤拉的黄铜大炮。"展示者先通过放大镜展示了整个表演，再让大家用肉眼观看；观众都很满意，其中没有骗人的把戏。"考恩记述道。

1877 年，W. H. 道尔（W. H. Dall）在纽约东 16 街附近百老汇的入口处注意到一个牌子，上面写着"受训跳蚤展"。道尔想起自己孩童时，那些关于跳蚤神奇表演的故事让他"颇感兴趣又满腹狐疑"。于是他走进去看了展览。看完表演后，他总结说，那些跳蚤根本没有受过训练或引导，它们的表演只是受束缚的昆虫想要逃跑的自然反应。

每只跳蚤都被套上了一个系在某样物件上的"马具"，但不影响它足部的运动。这种马具由丝纤维制成，绕在跳蚤的"脖子"上并且打结。一根连接跳蚤和某样物件的鬃毛或纤细的金属丝被固定在绑好的结上。道尔解释说，只有雌跳蚤可以用于马戏表演，因为雄跳蚤体型要小得多，而且"过于顽固，基本上都不肯配合"。表演的跳蚤要在马戏团领班的皮肤上吸血以获得营养，它们的平均寿命是 8 个月。

单只跳蚤可以拉动的精美小模型各式各样，有轨道马车、四

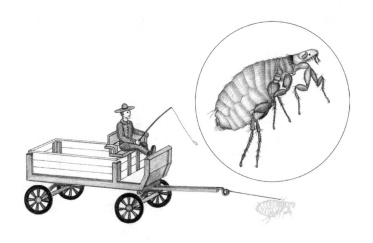

在跳蚤马戏团中表演的跳蚤拉着一辆重量是自身体重很多倍的
马车小模型前行。

轮马车、独轮手推车，甚至还有蝴蝶。人们将小纸片、丝绸或其他
轻质材料粘附在跳蚤背部的绳结上，作为裙子或者衣饰。道尔发
现，跳蚤的舞蹈表演最为有趣，也是起初在所有跳蚤马戏表演中他
最难以理解的。一群跳蚤组成一支管弦乐队，它们的头部被丝线拴
在小音乐盒的上部。音乐盒演奏时发出的振动使跳蚤"剧烈地手舞
足蹈，让人觉得它们好像在演奏乐器。下面还有几对跳蚤看上去在
跳华尔兹（演出前人们用小棒将它们一对对绑好，每一对跳蚤之间
相互离得比较远，无法触碰到对方）……每对舞伴都面朝相反的方
向，而每只跳蚤都想逃走，这样便产生了'力的平行四边形'；原

本向前的脚步变成了模仿华尔兹的滑稽的转圈，仿佛在跳华尔兹一样"。

10 年前，跳蚤马戏团再度流行起来——显然成了一种装置艺术。1999 年 1 月 16 日，多伦多的《全国邮报》(*National Post*)报道说，装置艺术家玛丽亚·费尔南达·卡多索（Maria Fernanda Cardoso）"用干制的海星围成六角形，一簇簇地挂在展览馆中，形成一张蔓延的网"，她还重建了跳蚤马戏团，并宣称这是世界上唯一的跳蚤马戏团。她的表演嘉宾有"跳跳 1 号"和"跳跳 2 号"，都是从小型炮筒中发射出去的跳蚤炮弹。布鲁特斯（Brutus）被标榜为世界上最强壮的跳蚤，拉着一个是自身 1000 倍大小的火车头，"卡多索还给它加上了充满冷幽默和双关语的内心独白"。因为这项创意，她被邀请出席纽约现代艺术博物馆的开馆特展，并前往亚利桑那州斯科茨代尔市的当代艺术博物馆参加了千禧年庆典。

　　我们总认为昆虫是取悦人类或在某些方面对人类有直接用处的生物。夜间闪烁的萤火虫是赏心悦目的美景，火炉边蟋蟀的叫声令人感到放松，蜜蜂用甘甜花蜜酿成的蜂蜜慰藉了我们的味蕾。其实，昆虫的妙处远非如此。我想从另一个角度带大家快速一览昆虫，拓宽我们对自然界的认知：昆虫是真实世界复杂生态系统中的动物，它们依赖于斯，在其中与大量不同种类的动植物发生互动。为了世世代代存活下来，昆虫必须进食和生长，避免被捕食，并且繁殖后代。任何一种动物都是如此。下面我将通过几个例子来谈谈昆虫为了完成上述三项基本任务而做出的努力，这些例子主要是我们此前已经遇到的昆虫种类。

　　在我们提到的昆虫中，有吃植物的昆虫，如蚕蛾；有吃其他昆虫的捕食者，如田鳖和造纸胡蜂；有食腐昆虫，如吃粪便的圣甲虫；还有吸血的跳蚤。田鳖是东南亚的一道美食，它们本身就吃各种水生昆虫，甚至吃小型鱼类和蝌蚪。田鳖和它们的亲戚——有些生活在北美——是很有效率的凶猛捕食者。如同螳螂一样，它们用前足抓捕猎物。虽然大部分昆虫的口器是咀嚼式的，田鳖的口器——跟跳蚤、蚜虫、蚊子和不少其他昆虫一样——却是刺吸式的。田鳖属于口外消化的昆虫。口外消化这种生理过程很有趣，大多数人闻所未闻。田鳖将毒液注射进猎物体内使其死亡，再分泌消化液将猎物的肌肉和其他内部器官分解成液状。之后它们便吸食这份已预先消化过的大餐。造纸胡蜂成虫的口器兼具咀嚼和舔吸的功能，成虫吃花蜜和蜜露，而给自己的幼虫喂食昆虫。它们很少蜇刺猎物，而是通过咬住猎物的颈部将其杀死。（但为护巢它们会凶猛地蜇刺入侵者。）胡蜂将毛毛虫剥皮开膛，把剩下的小团肌肉组织带回巢里，喂给幼虫吃。残留的毛虫内脏通常留在叶子表面，成为苍蝇的点心。

大约 45% 的昆虫以植物为食：极少数吃苔藓或蕨类，有些吃针叶类植物，如松树和杉树，大部分昆虫吃开花植物，从栎树和槭树到卷心菜和向日葵。近 40 万种植食昆虫中，大约有 32 万种像桑蚕一样，专门吃某一科的几种植物，或者吃亲缘关系相近的几个科的少数植物。这样严格的专食性昆虫的数量远远大于吃多种非近缘植物的广食性昆虫。为什么会有这么多昆虫明明面对周围成百上千种可作食物的植物，却拒绝那些被其他昆虫成功利用的植物呢？专食某种植物需要付出代价，要不断演化以适应植物的特性。但更重要的答案可能在于植物和吃它的昆虫之间不断升级的"军备竞赛"。

有些植物长出刺来进行自我防御，但它们的重要武器还是生物化学物质。变异可以让植物产生一种新的有毒生化物质，这种物质不会影响植物的生理过程，却能阻碍试图侵食植物的昆虫。当然，昆虫也演化出很多方式以绕开植物的化学防线。如果寄主植物的军备库里新添了一样化学物质，昆虫就必须找到办法与之共处，要么转去吃别种植物，要么面临灭绝。但只需要一点点运气，基因变异就能使昆虫化解新的进食抑制毒素，或者以其他方式避开毒素的效力，甚至可以利用毒素的味道和气味来识别寄主植物。植物很可能会用另一种防御性化学物质予以还击，而昆虫也会发生相应的演化以对付新的防御手段。亿万年来，这一系列互相促进的演变堪比一场军备竞赛，在植物王国中积累了数以万计的生化物质。其中有些物质可以被我们觉察，它们赋予植物特殊的气味或味道。就像我们可以通过气味和味道识别出卷心菜、芹菜、薄荷和百里香一样，专食性昆虫也是通过这样的物质来识别自己的寄主植物，而且有很多物质是人类无法感知的。

蜜蜂成虫、蝴蝶和其他多种昆虫采集花蜜、花粉或两者都采，用来填饱自己的肚子或养育后代。开花植物和它们的昆虫传粉者在演化时相互适应了对方的存在。植物通过色彩鲜艳的花朵和香气来吸引昆虫，而多数传粉者拥有敏锐的色觉和嗅觉。植物制造出花蜜和多余的花粉以回报传粉者。蜜蜂的后足上长有密布刚毛的"花粉篮"，用来携带花粉，大多数传粉者具有可以采集花蜜的刺吸式或舔吸式口器。绿色植物中大约只有 16 万种（占 78%）是可以利用太阳能制造食物的生物，它们或多或少都需要依赖昆虫传粉，如果没有传粉昆虫，这些植物将会灭绝或大量减少——那将是一场生态浩劫，因为植物是大多数陆地生态系统的基础。

昆虫不仅是蜘蛛、鱼类、蟾蜍、蜥蜴、鸟类和哺乳动物的食物，也是大量肉食性昆虫的食物。那么，昆虫如何避免自己被捕食呢？例如，紫胶虫会躲在自己的庇护处，而蝗虫和蟋蟀则会凭借强壮的后足一跃而起，迅速逃脱。但我将告诉你昆虫避免成为捕食者盘中餐的一种最有趣的方法。

虽然大多数昆虫有保护色，可以融入背景色中，躲避鸟类和其他天敌的注意，但有些昆虫偏偏用鲜艳的色彩来彰显自己。帝王蝶是橙色和黑色的；白斑脸胡蜂是黑色的，长有白色的斑纹；蜜蜂带有橙黑相间的环状花纹；熊蜂也有着黑色和亮黄色的醒目配色。这些昆虫之所以让自己这么夺人眼球，是因为它们拥有抵御捕食者的有效手段，而捕食者很快就学会了识别和躲避它们。比方说，帝王蝶体内有一种毒素是从它们所吃的植物中吸收得来，这会导致捕食帝王蝶的鸟类呕吐；而那些蜂类都长有引起疼痛的毒针。

如你所知，无害的食蚜蝇和有毒的蜜蜂外表出奇地相似，可以糊弄飞过的鸟儿不要将自己作为午餐。为纪念发现这种现象的19世纪博物学家亨利·W.贝茨，这种障眼法被称作贝氏拟态。贝氏拟态在昆虫中广泛存在。很多完全可食的蝴蝶会模拟有毒的蝴蝶；某些蝇类、蛾类，甚至甲虫会模拟蜇人的蜜蜂或胡蜂；在菲律宾，有些没有防御手段的蟑螂（并非那种家中的害虫）长得像极了不可食的红黑相间的瓢虫；在南美洲，有一种能喷射酸液的射炮步甲则被一种可食的蟋蟀仿效了外形。

小黄蜂是一种社会性的造纸胡蜂，与白斑脸胡蜂是近亲；有一种大个头的食蚜蝇就模拟了小黄蜂的外形，并且相似度高得惊人，这就是侏勇斑胸食蚜蝇（*Spilomyia hamifera*）。它们不仅模仿了小黄蜂夺目耀眼的黑黄配色，还仿效了后者的部分解剖结构和行为特点。大多数蝇类的身体中部较宽，而这种食蚜蝇的腰却像小黄蜂那样细。像大多数其他蝇类一样，它们的触角短而粗，肉眼几乎看不见，但它们通过在头部前方挥舞自己的黑色前足来模仿小黄蜂又长又黑的灵活触角。小黄蜂舔食花蜜时，会将它们浅茶色的翅膀纵向折叠几次，搭在身体两侧，看上去很像深棕色的带子。侏勇斑胸食蚜蝇无法折叠翅膀，却可以将其搭在身体两侧，很像小黄蜂的翅膀折叠后边缘呈现的深棕色条带。在花朵上休憩时，小黄蜂会左右晃动，让自己更加显眼。侏勇斑胸食蚜蝇也会晃动翅膀来模仿这种动作。最后，如果它们被手指捏住，或被鸟喙啄住，会发出刺耳的声响，这与受惊扰的小黄蜂的嗡鸣声别无二致。

<hr>

对于一只昆虫来说，寻找配偶是件难事，因为一只异性同类可能远在天边。很多昆虫分泌出一种性吸引信号，可以让远方的异性接收到，从而攻克这方面的难题。在昆虫的五种感官中，只有三种能够接收到遥远的信号：视觉、听觉和嗅觉。这三种感官促成了两性的相逢：比如萤火虫用的是视觉信号；蟋蟀和螽斯用声音；桑蚕蛾、大蚕蛾和微小的紫胶蚧用的则是信息素和气味。

北美的萤火虫是独行者，但在东南亚——正如我们读到过的——数以万计的社会性萤火虫聚集在树上，它们还会同时发光。在离河岸数英里远的船上都可以看到岸上的萤火虫树，即使在浓密的森林里，萤火虫树忽明忽暗的闪光在远处也清晰可见。这些树就像灯塔，吸引着远处的雄虫和雌虫。尽管雌雄萤火虫都会发光，但雄萤火虫发的光比较明亮，而且它们几乎可以做到同步发光。在雄萤火虫发光间歇的后半段时间里，雌萤火虫晦暗得多的亮光能够被看到。这样的信号是在告知雄萤火虫，附近有愿意交配的雌性存在。交配过后，雌萤火虫会离开树，找一个能让自己的肉食性幼虫获取食物的地方产卵。

正如你知道的，蟋蟀通过翅膀摩擦而发出声音，即用一片前翅上的弹器摩擦另一片前翅上的弦器。螽斯也以类似的方法"歌唱"，但一些蝗虫则是用后足上长长的一排钩子摩擦前翅而发音。雄蟋蟀通常会站在自己的洞口歌唱。有些雄蟋蟀将洞口挖成扩音器或露天舞台的形状来增强自己的歌唱音效。投机取巧的雄蟋蟀可能会偷偷摸摸地接近一只正在唱歌的雄蟋蟀，试图趁机霸占被歌声吸引来的雌蟋蟀。这些所谓的"卫星雄蟋蟀"就算极其擅长演唱，也保持缄默。

一只雌蛾释放的性信息素随风飘散的路径很像不规则的羽毛形状。飞入这种信息素路径中的雄蛾会改变自己的轨道，逆风前行；但如果它不巧飞离了羽毛状路径，则会漫无目的地乱飞，或许最后还能重新进入羽毛范围内。一旦回归，它会继续逆风飞行，直到来到雌蛾的身旁。为找到雌蛾，它需要做的仅仅是逆风飞行而已。接近目标之后，它便不再需要由逐渐变浓的信息素引导。

我和吉姆·斯滕伯格设置了一个捕虫器，在一些雄罗宾蛾身上做完标记后，将它们释放在离捕虫器距离不等的地方，再用一只释放信息素的雌罗宾蛾去吸引它们，使其重新落网。这个实验的目的是要弄清楚，在随机因素和信息素指引的双重条件下，一只雄罗宾蛾可以经过多远的距离找到雌蛾。这当中所涉及的问题是：一个种群若要不灭绝，最低数量应达到多少以及个体之间需要保持何种分散程度。1969年6月的一个早晨，我看到一幅令人震惊的景象：在我家后院巨大的捕虫网上，聚附着204只美丽的雄罗宾蛾，每只翼展约 4 到 5 英寸。天亮前的几小时，雌罗宾蛾诱饵散发的性信息素随风飘荡，被雄罗宾蛾巨大的羽毛状触角上的嗅觉感受器捕捉到了。落入网中的有几只被标记过的雄罗宾蛾，有的来自 4 英里之外，其中一只来自近 8 英里以外。创下距离纪录的是另一种大蚕蛾——普罗米修斯蛾，它受到一只雌普罗米修斯蛾诱饵的吸引，从三天前被释放的差不多直线距离为 23 英里外的远方飞进捕虫网中。

广义的育幼行为在昆虫中并不少见。在我们已经讨论过的昆虫中，照顾后代最为精心的都是社会性物种：白蚁、蚂蚁、蜜蜂和群居性胡蜂。它们的后代从卵开始，到经历蜕皮发育为成虫，各个阶段均依赖于种群中的工蚁或工蜂。正如我们在第六章读到的，汉字"蚁"表明了这些社会性昆虫彼此之间的忠诚与紧密联系。在非社会性昆虫中，像蝴蝶和北美野生蚕蛾这样的植食性昆虫会为后代提供最低程度的基本照顾，比如将卵产在合适的植物上，幼虫孵化后即可就地取材食用所在的植物。埃及的圣甲虫所做的远不止这些：雌圣甲虫在土壤中埋下一枚大粪球，以供幼虫食用。马达加斯加发声大蠊在身体中保存卵鞘，直到胚胎发育成熟。我们没有提到过在非洲传播昏睡病（即非洲锥虫病）的臭名昭著的采采蝇，但我忍不住想要告诉你它们奇异的繁殖行为。雌

采采蝇将单枚卵保存在身体中类似子宫的部位。幼虫孵化后，会吮吸雌蝇注入"子宫"的乳汁——化学成分上非常像人类或其他哺乳动物的乳汁。幼虫发育成熟后，雌采采蝇便产下幼虫，幼虫会自己钻进土壤中化蛹。

东南亚的田鳖和它的一些亲戚，或许就生活在你家附近的池塘里，它们的育幼方式极为特别。有一种北美田鳖的雌虫会将100多枚卵粘在配偶的背上。雄田鳖不负卵的时候通常会待在池塘底部，但为使卵的上端暴露在空气中，它会花上大量时间栖息在靠近水面的植物上，不时用后足抹一抹卵，目的可能是清除卵上的霉菌孢子。实验表明，待在雄田鳖背上的卵有90%以上都可以孵化，但若将卵移走放置在一盘水中，则全部感染了真菌，一周内就死亡了。

人们一度认为雄田鳖是雌田鳖迫不得已的受害者，这种强加于身的奴役令它们感到"羞辱"，因此要用后足踢开背上的卵。多年后，自然选择和进化论成为生物学不容争议的中心议题，有人指出"雄虫受辱假说"是荒谬的，因为自然选择不会让雌田鳖将卵置于雄田鳖背上而又让卵无法存活。

正如我在引言部分承诺的那样，这本书讲的是我们所喜欢或对我们有实质作用的昆虫。前十章对这些昆虫分别做了阐述。总体而言，关于这些昆虫所在的生态环境及其在机遇和危险并存的生态系统中的求生方法，书里并没有做太多叙述。这些迷人的小生命处在不确定的环境中。对于我这个退休的昆虫学教授而言，这算不得一件好事。我希望这篇简短的后记能让你对萤火虫、蜜蜂、蚕及其他昆虫生活和演化的生态环境有所了解。相比于栖息在这颗星球上尚未被人充分了解的复杂而神奇的很多动植物种群来说，这点介绍简直是冰山一角。昆虫在纷繁的生态系统中扮演着不可或缺的角色，这些生态系统共同组成了我们人类生活的环境——这个环境是你我仅有的家园。

致
谢

　　感谢我的多位好友和同事无偿付出的时间、专业知识和宝贵建议。若没有他们的支持，这本书的呈现效果不会远远超出我的预期。我要感谢的人有梅·贝伦鲍姆、山姆·贝舍斯（Sam Beshers）、道格拉斯·布鲁尔、西德尼·卡梅隆（Sydney Cameron）、弗雷德·哥德尔（Fred Gottheil）、拉里·汉克斯（Larry Hanks）、M. 安德鲁·海克曼、室贺洋子、詹姆斯·纳迪（James Nardi）、汤姆·纽曼（Tom Newman）、吉恩·鲁宾逊、希拉·莱恩（Sheila Ryan）、黑泽笹森、戴维·赛科莱斯特（David Secrest）、阿特·西德勒（Art Siedler）、苏珊·斯洛托（Susan Slottow）、詹姆斯·斯滕伯格（James Sternburg）、查尔斯·维特菲尔德（Charles Whitfield）、詹姆斯·维特菲尔德（James Whitfield）和山本雅子。

　　特别感谢菲利斯·库珀（Phyllis Cooper），他读完了整部书稿，给予我许多宝贵的建议。感谢我的代理人，新英格兰出版协会的爱德华·纳普曼（Edward Knappman）。非常感谢珍妮·沃普妮（Jenny Wapner）、劳拉·哈尔格（Laura Harger）和玛德琳·亚当斯（Madeleine Adams），他们的建议和编辑工作极大地提升了这本书的质量。

参考书目

各章参考书目按作者姓名的字母顺序排列。尚未公开出版的信息已在文中注明出处。

引言

Cowan, F. 1865. *Curious Facts in the History of Insects*. Philadelphia: J. B. Lippincott.

Lutz, F. E. 1918. *Field Book of Insects*. New York: G. P. Putnam's Sons. (Reprinted 1935.)

第一章 人见人爱

Boettner, G. H., J. S. Elkinton, and C. J. Boettner. 2000. Effects of a biological control introduction on three nontarget native species of saturniid moths. *Conservation Biology* 14:1798–1806.

Booth, M., and M. M. Allen. 1990. Butterfly garden design. In *Butterfly Gardening*, ed. Xerces Society and Smithsonian Institution, pp. 63–93. San Francisco: Sierra Club Books.

Buck, J. B. 1938. Synchronous rhythmic flashing of fireflies. *Quarterly Review of Biology* 13:301–314.

Campbell, A., and D. S. Noble, eds. 1993. *Japan: An Illustrated Encyclopedia*, vol. 1. Tokyo: Kodansha.

Cherry, R. H. 1993. Insects in the mythology of Native Americans. *American Entomologist* 39:16–21.

Comstock, J. H. 1950. *An Introduction to Entomology*, 9th edition, revised. Ithaca, NY: Comstock Publishing Company.

Dinesen, I. 1937. *Out of Africa*. New York: Modern Library.

Dunkle, S. 2000. *Dragonflies through Binoculars*. Oxford: Oxford University Press.

Hamilton, E. 1953. *Mythology*. New York: New American Library of World Literature.

Hearn, L. 1910. *A Japanese Miscellany*. Boston: Little, Brown, and Company.

Hogue, C. L. 1987. Cultural entomology. *Annual Review of Entomology* 32:181–199.

Kevan, P. G., and R. A. Bye. 1991. The natural history, sociobiology, and ethnobiology of *Eucheira socialis* Westwood (Lepidoptera: Pieridae), a unique and little-known butterfly from Mexico. *The Entomologist* 110:146–165.

Koller, L. 1963. *The Treasury of Angling*. New York: Golden Press.

Liu, G. 1939. Some extracts from the history of entomology in China. *Psyche* 46:23–28.

Lloyd, J. E. 1975. Aggressive mimicry in *Photuris* fireflies: Signal repertoires by femmes fatales. *Science* 187:452–453.

Lutz, F. E. 1918. *Field Book of Insects*. New York: G. P. Putnam's Sons. (Reprinted 1935.)

Milne, L., and M. Milne. 1980. *National Audubon Society Field Guide to North American Insects and Spiders*. New York: Alfred A. Knopf.

Peigler, R. S. 1993. Wild silks of the world. *American Entomologist* 39:151–161.

Rothschild, M. 1990. Gardening with butterflies. In *Butterfly Gardening*, ed. Xerces Society and Smithsonian Institution, pp. 7–15. San Francisco: Sierra Club Books.

Russell, S. A. 2003. *An Obsession with Butterflies*. New York: Basic Books.

Simon, H. 1971. *The Splendor of Iridescence*. New York: Dodd, Mead & Company.

Turpin, F. T. 2000. *Insect Appreciation*, 2nd edition. Dubuque, IA: Kendall/Hunt Publishing Company.

Waterman, C. F. 1981. *A History of Angling*. Tulsa, OK: Winchester Press.

第二章 罗绮衣裳

Borg, F., and L. Pigorini. 1938. *Die Seidenspinner, ihre Zoologie, Biologie und Sucht.* [*The Silkworms, Their Zoology, Biology, and Rearing.*] Berlin: Verlag von Julius Springer.

Butenandt, A., R. Beckmann, and E. Hecker. 1959. Über den Sexual-Lockstoff des Seidenspinners *Bombyx mori:* Reindarstellung und Konstitution. [On the sexual attractant of the silkworm *Bombyx mori:* Purification and structure.] *Zeitschrift für Naturforschung* 14:283–284.

Dubos, R. J. 1950. *Louis Pasteur, Free Lance of Science.* Boston: Little, Brown and Company.

Emerson, A. I., and C. M. Weed. 1936. *Our Trees: How to Know Them.* Philadelphia: J. B. Lippincott.

Evans, R. 2005. Trump and circumstance. *Weddings in Style,* Spring, 262–269.

Fabre, J.-H. 1874. *The Great Peacock Moth.* Reprinted in *The Insect World of J. Henri Fabre,* ed. E. W. Teale, pp. 83–98. New York: Fawcett Publications, 1956.

Frank, K. D. 1986. History of the ailanthus silk moth (Lepidoptera: Saturniidae) in Philadelphia: A case study in urban ecology. *Entomological News* 97:41–51.

Kafatos, F. C., and C. M. Williams. 1964. Enzymatic mechanism for the escape of certain moths from their cocoons. *Science* 146:538–540.

Kelly, H. A. 1903. *The Culture of the Mulberry Silkworm.* USDA Division of Entomology Bulletin 39, new series.

Lutz, F. E. 1918. *Field Book of Insects.* New York: G. P. Putnam's Sons. (Reprinted 1935.)

McCook, H. C. 1886. *Tenants of an Old Farm.* New York: Fords, Howard & Hulbert.

National Academy of Sciences. 2003. Insect pheromones. In *Beyond Discovery: The Path from Research to Human Benefit.* www.beyonddiscovery.org.

Nicolson, J. U., trans. 1934. *Canterbury Tales.* New York: Garden City Publishing.

Nolan, E. J. 1892. The introduction of the ailanthus silk worm moth. *Entomological News* 3:193–195.

Oldroyd, H. 1964. *The Natural History of Flies.* New York: W. W. Norton.

Peigler, R. S. 1993. Wild silks of the world. *American Entomologist* 39:151–161.

Ross, G. N. 1986. The bug in the rug. *Natural History* 95:66–73.

Schoonhoven, L. M., T. Jermy, and J. J. A. van Loon. 1998. *Insect-Plant Biology.* London: Chapman and Hall.

Scott, P. 1993. *The Book of Silk.* London: Thames and Hudson.

Senechal, M. 2004. *Northampton's Century of Silk.* Northampton, MA: 350th Anniversary Committee of the City of Northampton.

Strayer, J. R., ed. 1983. *Dictionary of the Middle Ages.* New York: Charles Scribner's Sons.

Tuskes, P. M., J. P. Tuttle, and M. M. Collins. 1996. *The Wild Silk Moths of North America.* Ithaca, NY: Cornell University Press.

Vincent, J. M. 1935. *Costume and Conduct.* Baltimore: Johns Hopkins Press.

Waldbauer, G. P. 1982. The allocation of silk in the compact and baggy cocoons of

Hyalophora cecropia. Entomologia Experimentalis et Applicata 31:191–196.

Waldbauer, G. P., and J. G. Sternburg. 1982. Cocoons of *Callosamia promethea* (Saturniidae): Adaptive significance of differences in mode of attachment to the host tree. *Journal of the Lepidopterists' Society* 36:192–199.

———. 1982. Long mating flights by male *Hyalophora cecropia* (L.) (Saturniidae). *Journal of the Lepidopterists' Society* 36:154–155.

Wigglesworth, V. B. 1972. *The Principles of Insect Physiology*, 7th edition. London: Chapman and Hall.

第三章　色若胭脂

Brand, D. D. 1966. Cochineal: Aboriginal dyestuff from Nueva España. *Acta y Memorias de XXXVI Congreso Internacional de Americanistas, España 1964* 2:77–91.

Comstock, J. H. 1950. *An Introduction to Entomology*, 9th edition, revised. Ithaca, NY: Comstock Publishing Company.

Cowan, F. 1865. *Curious Facts in the History of Insects*. Philadelphia: J. B. Lippincott.

DeBach, P. 1964. *Biological Control of Insect Pests and Weeds*. New York: Reinhold Publishing.

Donkin, R. A. 1977. Spanish red: An ethnographical study of cochineal and the Opuntia cactus. *Transactions of the American Philosophical Society* 67:1–84.

Fagan, M. M. 1918. The uses of insect galls. *The American Naturalist* 52:155–176.

Hogue, C. L. 1993. *Latin American Insects and Entomology*. Berkeley and Los Angeles: University of California Press.

Jones, C. L. 1966. *Guatemala Past and Present*. New York: Russell and Russell.

Kosztarab, M. 1987. Everything unique or unusual about scale insects (Homoptera: Coccoidae). *Bulletin of the Entomological Society of America* 33:215–220.

Lauro, G. J. 1991. A primer on natural colors. *Cereal Foods World* 36:949–953.

Phipson, T. L. 1864. *The Utilization of Minute Life*. London: Goombridge and Sons.

Ross, G. N. 1986. The bug in the rug. *Natural History* 95:66–73.

第四章　穿金戴虫

Akre, R. D., A. Greene, J. F. MacDonald, P. J. Landolt, and H. G. Davis. 1980. *Yellowjackets of America North of Mexico*. USDA Agricultural Handbook, no. 552. Washington, DC: U.S. Government Printing Office.

Bates, C. D. 1992. Sierra Miwok shamans, 1900–1990. In *California Indian Shamanism*, ed. L. J. Bean, pp. 97–115. Menlo Park, CA: Ballena Press.

Beckmann, P. 2003. *Living Jewels*. London: Prestel Publishing.

Berlin, B., and G. T. Prance. 1978. Insect galls and human ornamentation: The ethnobotanical significance of a new species of *Licania* from Amazonas, Peru. *Biotropica* 10:81–86.

Cowan, F. 1865. *Curious Facts in the History of Insects*. Philadelphia: J. B. Lippincott.

Frisch, K. von. 1974. *Animal Architecture*. New York: Harcourt Brace Jovanovich.

Geijskes, D. C. 1975. The dragonfly wing used as a nose plug adornment. *Odonatologica* 4:29–30.

Howard, L. O. 1900. Two interesting uses of insects by natives in Natal. *Scientific American* 83:267.

Imms, A. D. 1951. *A General Textbook of Entomology*. London: Methuen.

Kirby, W., and W. Spence. 1846. *An Introduction to Entomology*, 6th edition. Philadelphia: Lea and Blanchard. (Originally published 1815.)

Linsenmaier, W. 1972. *Insects of the World*. Translated by L. E. Chadwick. New York: McGraw-Hill.

McCook, H. D. 1886. *Tenants of an Old Farm*. New York: Fords, Howard & Hulbert.

McMaster, G., and C. E. Trafzer, eds. 2004. *Native Universe: Voices of Indian America*. Washington, DC: National Geographic Society.

Parkman, E. B. 1992. Dancing on the brink of the world: Deprivation and the ghost dance religion. In *California Indian Shamanism*, ed. L. J. Bean, pp. 163–183. Menlo Park, CA: Ballena Press.

Peigler, R. S. 1994. *Non-sericultural Uses of Moth Cocoons in Diverse Cultures*. Proceedings of the Denver Museum of Natural History, ser. 3, no. 5.

Schultze, A. 1913. *Die wichtigsten Seidenspinner Afrikas mit besonderer Berücksichtigung der Gesellschaftersspinner*. [*The Most Important Silkworms of Africa with Particular Attention to the Social Silkworm*.] London: African Silk Corp. Ltd.

Schwarz, H. F. 1948. *Stingless Bees (Meliponidae) of the Western Hemisphere*. Bulletin of the American Museum of Natural History 90.

Turpin, F. T. 2000. *Insect Appreciation*, 2nd edition. Dubuque, IA: Kendall/Hunt Publishing Company.

Wilkinson, R. W. 1969. Colloquia entomologica II: A remarkable sale of Victorian entomological jewelry. *The Michigan Entomologist* 2:77–81.

Berenbaum, M. R. 1995. *Bugs in the System*. Reading, MA: Addison-Wesley.

Bishop, H. 2005. *Robbing the Bees*. New York: Free Press.

Bishopp, F. C. 1952. Insect friends of man. In *Yearbook of Agriculture, 1952*, pp. 79–87. Washington, DC: U.S. Government Printing Office.

Comstock, J. H. 1950. *An Introduction to Entomology*, 9th edition, revised. Ithaca, NY: Comstock Publishing Company.

Cowan, F. 1865. *Curious Facts in the History of Insects*. Philadelphia: J. B. Lippincott.

Crandall, E. B. 1924. *Shellac, a Story of Yesterday, Today and Tomorrow*. Chicago: James B. Day & Co.

Essig, E. O. 1931. *A History of Entomology*. New York: Macmillan.

Friedmann, H. 1955. *The Honey-Guides*. U.S. National Museum, bulletin 208.

Jenkins, K. D. 1970. The fat-yielding coccid, *Llaveia*, a monophlebine of the Margarodidae. *Pan-Pacific Entomologist* 46:79–81.

Kosztarab, M. 1987. Everything unique or unusual about scale insects (Homoptera: Coccoidea). *Bulletin of the Entomological Society of America* 33:215–220.

Langstroth, L. L. 1853. *On the Hive and the Honey-Bee*. Medina, OH: A. I. Root. (Reprinted 1914.)

Lindauer, M. 1967. *Communication among Social Bees*. New York: Athenium.

Metcalf, R. L., and R. A. Metcalf. 1993. *Destructive and Useful Insects*, 5th edition. New York: McGraw Hill.

Michener, C. D. 1974. *The Social Behavior of the Bees*. Cambridge, MA: Harvard University Press.

Miller, D. R., and M. Kosztarab. 1979. Recent advances in the study of scale insects. *Annual Review of Entomology* 24:1–27.

Morse, R. A. 1975. *Bees and Beekeeping*. Ithaca, NY: Cornell University Press.

Newberry, P. E. 1976. *Ancient Egyptian Scarabs*. Chicago: Ares Publishers. (Reprint of the 1905 London edition.)

Ono, M., T. Igarashi, E. Ohno, and M. Sasaki. 1995. Unusual thermal defense by a honeybee against mass attacks by hornets. *Science* 377:334–336.

Peters, T. M. 1988. *Insects and Human Society*. New York: Van Nostrand and Reinhold.

Schwarz, H. F. 1948. *Stingless Bees (Meliponidae) of the Western Hemisphere*. Bulletin of the American Museum of Natural History 90.

Weis, H. B. 1927. The scarabaeus of the ancient Egyptians. *The American Naturalist* 61:353–369.

Wigglesworth, V. B. 1945. Transpiration through the cuticle of insects. *Journal of Experimental Biology* 21:97–114.

Borror, D. J., D. M. De Long, and C. A. Triplehorn. 1981. *An Introduction to the Study of Insects*. Philadelphia: Saunders College Publishing.

Claiborne, R. 1974. *The Birth of Writing*. Alexandria, VA: Time-Life Books.

Cowan, F. 1865. *Curious Facts in the History of Insects*. Philadelphia: J. B. Lippincott.

Ebert, J. 2005. Tongue tied. *Nature* 438:148–149.

Fagan, M. M. 1918. The uses of insect galls. *The American Naturalist* 52:155–176.

Felt, E. P. 1965. *Plant Galls and Gall Makers*. New York: Hafner Publishing Company. (Facsimile of the 1940 edition.)

Gallencamp, C. 1959. *Maya*. New York: Pyramid Publications.

Gullan, P. J., and P. S. Cranston. 1994. *The Insects: An Outline of Entomology*. London: Chapman and Hall.

Hocking, B. 1968. *Six-Legged Science*. Cambridge, MA: Schenkman Publishing.

Hogue, C. L. 1987. Cultural entomology. *Annual Review of Entomology* 32:181–199.

Kevan, P. G., and R. A. Bye. 1991. The natural history, sociobiology, and ethnobiology of *Eucheira socialis* Westwood (Lepidoptera: Pieridae), a unique and little-known butterfly from Mexico. *The Entomologist* 110:146–165.

Kinsey, A. C. 1929. *The Gall Wasp Genus Cynips*. Indiana University Studies, vol. 16. Bloomington: Indiana University Press.

Lawler, A. 2004. The slow deaths of writing. *Science* 305:30–33.

Peigler, R. S. 1993. Wild silks of the world. *American Entomologist* 39:151–161.

Spradbery, J. P. 1973. *Wasps*. Seattle: University of Washington Press.

Tsai, J. H. 1982. Entomology in the People's Republic of China. *Journal of the New York Entomological Society* 90:186–212.

Weis, A. E., and M. R. Berenbaum. 1989. Herbivorous insects and green plants. In *Plant-Animal Interactions*, ed. W. G. Abrahamson, pp. 123–162. New York: McGraw-Hill.

Wilson, E. O. 2006. The civilized insect. *National Geographic* 210:136–149.

Aldrich, J. M. 1912. The biology of some western species of the dipterous genus

Ephydra. Journal of the New York Entomological Society 20:77–98.

———. 1921. *Coloradia pandora* Blake, a moth of which the caterpillar is used as a food by the Mono Lake Indians. *Annals of the Entomological Society of America* 14:36–38.

Bequaert, J. 1921. Insects as food. *Natural History: The Journal of the American Museum of Natural History* 21:191–200.

Blake, E. A., and M. R. Wagner. 1987. Collection and consumption of pandora moth, *Coloradia pandora* (Lepidoptera: Saturniidea), larvae by Owens Valley and Mono Lake Paiutes. *Bulletin of the Entomological Society of America* 33:23–27.

Bodenheimer, F. S. 1951. *Insects as Human Food*. The Hague: W. Junk.

Bristowe, W. S. 1932. Insects and other invertebrates for human consumption in Siam. *Transactions of the Entomological Society of London* 80:387–404.

Cherry, R. H. 1991. Use of insects by Australian Aborigines. *American Entomologist* 37:9–13.

China, W. E. 1931. An interesting relationship between a crayfish and a water bug. *Natural History Magazine* 3:57–62.

DeFoliart, G. R. 1989. The human use of insects as food and as animal feed. *Bulletin of the Entomological Society of America* 35:22–35.

———. 1992. Insects as human food. *Crop Protection* 11:395–399.

———. 1999. Insects as food: Why the Western attitude is important. *Annual Review of Entomology* 44:21–50.

Goodall, J. 1963. Feeding behaviour of wild chimpanzees. *Symposia of the Zoological Society of London* 10:39–47.

Holt, V. M. 1885. *Why Not Eat Insects?* London: British Museum (Natural History). (Reprinted 1988.)

Noyes, H. 1937. *Man and the Termite*. London: Peter Davies.

Pemberton, R.W. 1988. The use of the Thai giant waterbug, *Lethocerus indicus* (Hemiptera: Belastomatidae), as human food in California. *Pan-Pacific Entomologist* 64:81–82.

Pemberton, R. W., and T. Yamasaki. 1995. Insects: Old food in new Japan. *American Entomologist* 41:227–229.

Remington, C. L. 1946. Insects as food in Japan. *Entomological News* 57:119–121.

Riley, C. V. 1876. *Noxious, Beneficial, and Other Insects of the State of Missouri*. Eighth Annual Report to the Missouri State Board of Agriculture. Jefferson City, MO: Regan and Carter.

Taylor, R. L. 1975. *Butterflies in My Stomach*. Santa Barbara, CA: Woodbridge Press.

Tindale, N. B. 1966. Insects as food for the Australian Aborigines. *Australian Natural History* 15:179–183.

Vane-Wright, R. I. 1991. Why not eat insects? *Bulletin of Entomological Research* 81:1–4.

Van Tyne, J. 1951. A cardinal's, *Richmondena cardinalis,* choice of food for adult and for young. *Auk* 68:110.

第八章　甘虫之饴

Anderson, C., and F. L. W. Ratnieks. 1999. Worker allocation in insect societies: Coordination of nectar foragers and nectar receivers in honey bee (*Apis mellifera*) colonies. *Behavioral Ecology and Sociobiology* 46:73–81.

Barber, [no first name given]. 1905. [No title.] *Entomological Society of Washington* 7:25.

Belt, T. 1888. *The Naturalist in Nicaragua.* London: Edward Bumpus.

Bishop, H. 2005. *Robbing the Bees.* New York: Free Press.

Bodenheimer, F. S. 1951. *Insects as Human Food.* The Hague: W. Junk.

Chakrabarti, K. 1987. Sundabarans honey and the mangrove swamps. *Journal of the Bombay Natural History Society* 84:133–137.

Crane, E. 1980. A *Book of Honey.* Oxford: Oxford University Press.

———. 1999. *The World History of Beekeeping and Honey Hunting.* New York: Routledge.

DeMera, J. H., and E. R. Angert. 2004. Comparison of the antimicrobial activity of honey produced by *Tetragonisca angustula* (Meliponinae) and *Apis mellifera* from different phytogeographic regions of Costa Rica. *Apidologie* 35:411–417.

Dornhaus, A., and L. Chittka. 2004. Why do honey bees dance? *Behavioral Ecology and Sociobiology* 55:395–401.

Evans, H. E., and M. J. W. Eberhard. 1970. *The Wasps.* Ann Arbor: University of Michigan Press.

Frisch, K. von. 1953. *The Dancing Bees,* 5th revised edition. Translated by D. Ilse. New York: Harcourt, Brace, and World.

———. 1967. *The Dance Language and Orientation of the Bees.* Translated by L. E. Chadwick. Cambridge, MA: Harvard University Press.

———. 1971. *Bees,* revised edition. Translated by L. E. Chadwick. Ithaca, NY: Cornell University Press.

Gary, N. E. 1975. Activities and behavior of honey bees. In *The Hive and the Honey Bee,* ed. Dadant & Sons, pp. 185–264. Hamilton, IL: Dadant & Sons.

Kennedy, J. S., and T. E. Mittler. 1953. A method for obtaining phloem sap via the mouth-parts of aphids. *Nature* 171:528.

Michener, C. D. 1974. *The Social Behavior of the Bees*. Cambridge, MA: Harvard University Press.

Morse, R. A. 1980. *Making Mead*. Ithaca, NY: Wicwas Press.

Newberry, P. E. 1905. *Ancient Egyptian Scarabs*. Chicago: Ares Publishers. (Reprint of the 1905 London edition.)

Nicolson, J. U., trans. 1934. *Canterbury Tales*. New York: Garden City Publishing.

Oldroyd, B. P., and S. Wongsiri. 2006. *Asian Honey Bees*. Cambridge, MA: Harvard University Press.

Ransome, H. M. 1937. *The Sacred Bee*. Boston: Houghton Mifflin.

Saunders, W. 1875. The Mexican honey ant. *Canadian Entomologist* 7:12–14.

Schwarz, H. F. 1948. Stingless Bees (Meliponidae) of the Western Hemisphere. *Bulletin of the American Museum of Natural History* 90:143–160.

Snodgrass, R. E. 1956. *Anatomy of the Honey Bee*. Ithaca, NY: Cornell University Press.

Spencer, B. 1928. *Wanderings in Wild Australia*, vols. 1 and 2. London: Macmillan.

Spradbery, J. P. 1973. *Wasps*. Seattle: University of Washington Press.

Stumper R. 1961. Radiobiologische Untersuchungen über den sozialen Nahrungshaushalt der Honigameise *Proformica nasuta* (Nyl). [Radiobiologic studies of the social nutritional economy of the honey ant *Proformica nasuta* (Nyl).] *Naturwissenschaften* 48:735–736.

Wheeler, W. M. 1908. Honey ants, with a revision of the American *Myrmecocysti*. *Bulletin of the American Museum of Natural History* 24:345–397.

Wilson, E. O. 1971. *The Insect Societies*. Cambridge, MA: Harvard University Press.

第九章 灵丹妙方

Baer, W. S. 1931. The treatment of chronic osteomyelitis with the maggot (larva of the blow fly). *Journal of Bone and Joint Surgery* 13:438–475.

Beebe, W. 1921. *Edge of the Jungle*. New York: Henry Holt and Company.

Cowan, F. 1865. *Curious Facts in the History of Insects*. Philadelphia: J. B. Lippincott.

Crane, E. 1980. A *Book of Honey*. Oxford: Oxford University Press.

Dawood, N. J., trans. 2003. *The Koran*. London: Penguin Books.

Gudger, E. W. 1925. Stitching wounds with the mandibles of ants and beetles. *Journal of the American Medical Association* 84:1861–1864.

Hogue, C. L. 1987. Cultural entomology. *Annual Review of Entomology* 32:181–199.

Kramer, S. N. 1954. First pharmacopeia in man's recorded history. *American Journal of Pharmacy* 126:76–84.

Majno, G. 1975. *The Healing Hand.* Cambridge, MA: Harvard University Press.

Maynard, B. 2006. Take two *what* and call you in the morning? *National Wildlife*, February/March, 16–17.

Metcalf, R. L., and R. A. Metcalf. 1993. *Destructive and Useful Insects*, 5th edition. New York: McGraw-Hill.

Pliny the Elder. 1856. *The Natural History of Pliny.* Ed. and trans. J. Bostock and H. T. Riley. London: Henry G. Bohn.

Ransome, H. M. 1937. *The Sacred Bee.* Boston: Houghton Mifflin.

Robinson, W. 1935. Allantoin, a constituent of maggot excretions, stimulates healing of chronic discharging wounds. *Journal of Parasitology* 21:354–358.

Sherman, R. A. 2000. Maggot therapy—the last five years. *Bulletin of the European Tissue Repair Society* 7:97–98.

Sherman, R. A., M. J. R. Hall, and S. Thomas. 2000. Medicinal maggots: An ancient remedy for some contemporary afflictions. *Annual Review of Entomology* 45:55–81.

Sherman, R. A., and E. A. Pechter. 1988. Maggot therapy: A review of the therapeutic applications of fly larvae in human medicine, especially for treating osteomyelitis. *Medical and Veterinary Entomology* 2:225–230.

Subrahmanyan, M. 1998. A prospective randomized clinical and histological study of superficial burn wound healing with honey and silver sulfadiazine. *Burns* 24:157–161.

Traynor, J. 2002. *Honey, the Gourmet Medicine.* Bakersfield, CA: Kovak Books.

Willson, R. B., and E. Crane. 1975. Uses and products of honey. In *Honey: A Comprehensive Survey*, ed. E. Crane, pp. 378–391. New York: Crane, Russak and Company.

Wood, J. G. 1883. *Insects at Home.* New York: John B. Alden.

第十章 戏虫之乐

Alcock, J. 1993. *Animal Behavior*, 5th edition. Sunderland, MA: Sinauer Associates.

Barth, R. H., Jr. 1968. The mating behavior of *Gromphadorhina portentosa* (Schaum) (Blattaria, Blaberoidea, Blaberidae, Oxyhaloinae): An anomalous pattern for a cockroach. *Psyche* 75:124–131.

Borror, D. J., D. M. DeLong, and C. A. Triplehorn. 1981. *An Introduction to the Study of Insects.* Philadelphia: Saunders.

Comstock, J. H. 1950. *An Introduction to Entomology*, 9th edition, revised. Ithaca,

NY: Comstock Publishing Company.

Cowan, F. 1865. *Curious Facts in the History of Insects.* Philadelphia: J. B. Lippincott.

Dall, W. H. 1877. Educated fleas. *American Naturalist* 11:7–11.

Dethier, V. G. 1992. *Crickets and Katydids, Concerts and Solos.* Cambridge, MA: Harvard University Press.

Goff, M. L. 2000. A *Fly for the Prosecution.* Cambridge, MA: Harvard University Press.

Hall, E. R., and W. C. Russell. 1933. Dermestid beetles as an aid in cleaning bones. *Journal of Mammalogy* 14:372–374.

Hearn, L. 1898. *Exotics and Retrospectives.* Boston: Little, Brown.

Hsu, Y. C. 1928. Crickets in China. *Peking Society of Natural History Bulletin* 3:5–41.

Kevan, D. K. M., and C. C. Hsiung. 1976. Cricket-fighting in Hong Kong. *Bulletin of the Entomological Society of Canada* 8:11–12.

Laufer, B. 1927. *Insect-Musicians and Cricket Champions of China.* Leaflet 22. Chicago: Field Museum of Natural History.

Lord, W. D. 1990. Case histories of the use of insects in investigations. In *Entomology and Death: A Procedural Guide*, ed. E. P. Catts and N. H. Haskell, pp. 9–37. Clemson, SC: Joyce's Print Shop.

Matthews, R. W., and J. R. Matthews. 1978. *Insect Behavior.* New York: John Wiley and Sons.

Pemberton, R. W. 1994. Japanese singing insects. www.insects.org/ced3/japanese_sing.html.

Phillips, L. H., II, and M. Konishi. 1973. Control of aggression by singing in crickets. *Nature* 241:64–65.

Roth, L. M. 1970. Evolution and taxonomic significance of reproduction in Blattaria. *Annual Review of Entomology* 15:75–96.

Tweedie, M. 1969. *Pleasure from Insects.* New York: Taplinger Publishing Company.

Villiard, P. 1969. *Moths and How to Rear Them.* New York: Funk and Wagnalls.

——— . 1973. *Insects as Pets.* New York: Doubleday.

图书在版编目(CIP)数据

当昆虫遇见人类文明/(美)吉尔伯特·沃尔鲍尔著;
(美)詹姆斯·纳迪绘;黄琪译.—北京:商务印书馆,
2021

ISBN 978 - 7 - 100 - 19086 - 2

Ⅰ.①当… Ⅱ.①吉… ②詹… ③黄… Ⅲ.①昆虫
学—普及读物 Ⅳ.①Q96 - 49

中国版本图书馆 CIP 数据核字(2020)第 176791 号

当昆虫遇见人类文明

〔美〕吉尔伯特·沃尔鲍尔　著

〔美〕詹姆斯·纳迪　绘

黄琪　译

商　务　印　书　馆　出　版
(北京王府井大街 36 号　邮政编码 100710)
商　务　印　书　馆　发　行
北京新华印刷有限公司印刷
ISBN 978 - 7 - 100 - 19086 - 2

2021 年 1 月第 1 版　　开本 850×1168　1/32
2021 年 1 月北京第 1 次印刷　　印张 8¾
定价:63.00 元